咖啡杯里的宇宙

天文学史话

[西] 乔迪·佩雷拉
Jordi Pereyra 著

王明君 译

EL
UNIVERSO
EN UNA
TAZA DE
CAFÉ

北京时代华文书局

图书在版编目（CIP）数据

咖啡杯里的宇宙 : 天文学史话 /（西）乔迪·佩雷拉著 ; 王明君译. — 北京 :
北京时代华文书局, 2022.4

ISBN 978-7-5699-4555-3

Ⅰ. ① 咖… Ⅱ. ① 乔… ② 王… Ⅲ. ① 天文学史－世界－普及读物
Ⅳ. ① P1-091

中国版本图书馆 CIP 数据核字（2022）第 033125 号

北京市版权局著作权合同登记号 图字：01-2018-8154 号

咖啡杯里的宇宙：天文学史话
KAFEIBEI LI DE YUZHOU TIANWENXUE SHIHUA

著　　者 |〔西〕乔迪·佩雷拉
译　　者 | 王明君

出 版 人 | 陈　涛
责任编辑 | 周　磊
执行编辑 | 余荣才
责任校对 | 薛　治
装帧设计 | 赵芝英　王艾迪
责任印制 | 訾　敬

出版发行 | 北京时代华文书局 http://www.bjsdsj.com.cn
　　　　　北京市东城区安定门外大街 138 号皇城国际大厦 A 座 8 楼
　　　　　邮编：100011　电话：010-64267955　64267677
印　　刷 | 三河市嘉科万达彩色印刷有限公司　0316-3156777
　　　　　（如发现印装质量问题，请与印刷厂联系调换）

开　　本 | 710mm×1000mm　1/16　印　张 | 19.5　字　数 | 260 千字
版　　次 | 2022 年 4 月第 1 版　印　次 | 2022 年 4 月第 1 次印刷
书　　号 | ISBN 978-7-5699-4555-3
定　　价 | 58.00 元

前言

　　在一个悠闲的午后，您刚刚吃过饭，又无事可做，正觉得十分困倦。可此时，您又不想靠在沙发靠背上打盹，为了能够清醒地享受一天余下的时光，就拿出咖啡壶放在灶火上，想安安静静地为自己准备一杯咖啡。看到壶里的咖啡开始沸腾，您不禁任由思绪天马行空：说不定这滚烫的液体已经达到了太阳核心的温度。不过这也没什么，您坐在客厅的桌前往杯中倒了一些牛奶，希望可以帮助降温，防止勺子熔化在里面。就这样，杯中的液体打着转，而您静静地坐在窗前陷入沉思。

　　实际上，咖啡杯中漂浮在上层、旋转着的泡沫让您愈发觉得困倦。今天您已经在盘算着一个关于天文学的计划，这堆白色的泡沫又在某种程度上让您想到了星系的结构，不是吗？在一个黑暗的空间内，数十亿颗行星围绕着一个中心旋转……

　　等一下，那这星系的中心到底存在着什么呢？泡沫仍然附着在咖啡上，因为它全部堆积在液体的表面，到底是什么让银河系中的每颗星星都能保持在自己的轨道上呢？这是神奇的星系结构，要知道地球就飘浮在这一空间里面呀！是什么阻止它撞向太阳？我们如何知道它会不会在某一天停止转动？又如何能确定天空没有绕着人类旋转，我们不是宇宙的中心？真够呛，本来只是想安安静静地喝一杯咖啡，却在拿起杯子的同时开始思考起天文学的基础问题。

当意识到杯子很烫手的时候，您才从刚才的恍惚中醒过神来。

这世界充斥着的毫无条理的问题，引发了您诸多的思考，或许咖啡不该用杯子来喝，又或许它根本就没有泡沫……

其实我也不知道。因为这段话是由一个根本不喝咖啡的人写的，并且这个人对天文十分感兴趣，这倒是真的。

好吧，我将在本书中尽量解答您对天文学的所有疑惑。

序篇　天空中的光芒

在洞穴中的火堆旁边，您正心满意足地坐在落满灰尘的地面上。您已经是个成年人，比自己预期的寿命多活了好几年，肚子里还残留着昨天费了九牛二虎之力逮到的野兔肉糜。也许这只兔子的热量抵不上您捕捉它所消耗的能量，但是，老天啊，这只兔子可是以灌木丛中枝杈上的尖叶子为食的！吃了它的肉带来的精致味觉感受可以弥补一切。您活脱脱是一个原始美食家。

火光把洞穴的岩壁照亮，呈现橙黄色调。原本赭色的岩壁上，您那些咖啡色、微微泛红的壁画似乎正在与火光映照出的不停闪动的影子共舞。若不是火光渐渐暗淡下去，您兴许还会画上刚刚吃了的那只兔子。不过，艺术在此刻是可以等待的，您最好还是赶快去捡一些树枝，以延续这唯一的热源。

岩洞外的温度还比较宜人，因为此时正处于温暖时节。既然已经很久没有感受到寒冷了，那您也能想到，过不了多久天气就会变化。不幸的是，寒冷一定会回来，虽然您还不知如何预测它到来的时间。

您很清楚，在洞穴之外连自己的鼻子都看不见。天空中那个光亮的圆盘已经隐藏在地平线后面很久了，也不知道什么时候才会再从另一边出来。当然，它一定会回来的。如果它永远留在地平线下不再出现，您的余生将在黑暗中度过。有时候，只是这样想象一下，您就会让自己不寒而栗。所以，您用尽全力祈祷这事儿千万别发生，而且也会想念那个光亮的圆盘给万物带来的温暖舒适的感受。好好想一想，为什么它就不能一直待在天上呢？为什么它总让您的生活变得不可预测，每次都隐藏起来让您在黑暗中无助地颤抖？这该死的家伙！

但并非发生的都是糟糕的事。如果您没记错的话，虽然外界没有沐浴在光盘所带来的光和热中，但在黑暗阶段，天空中还有另一个发出白光的物体。虽然它没有光盘那样明亮，但是这些光线足够让您出去捕获一些夜行动物。您决定探出头去看看那个圆盘发出的光芒，是否足够让自己出去捡拾一些木柴而不至于脑袋开花。您抓起兔皮大衣和长矛，又把最后几根柴火扔进火堆里，省得回来的时候手忙脚乱。

一旦走出岩洞，您就立即呼吸到了潮湿寒冷的空气，它们来自洞穴旁的那条小溪。说真的，您可能找不到比这儿更好的居住地了。有一个庇护所，有水源，还有食物……要想改善一下情况，您得再有个伙伴才行。最理想的情况是有一个女性伙伴。不过，考虑到之前的十几年，以及以后剩下的日子，估计这不太可能。在这样的历史背景下，"及时行乐"与"英年早逝"似乎才是正确的认知。

在花了很久时间凝视火光、思索着近期还算不错的处境之后，您的眼睛一下子还很难适应黑暗。这时候，您跟跄了一下滑倒了，如果不是及时用长矛做支撑，您铁定会跌落到溪水之中。这是十分危险的，因为一旦受伤，伤口受到任何感染，都有可能致命。

几秒钟后，眼睛开始适应黑暗，您望了望天空，观察到那个光盘又一次不同了：它飘浮在一团不知名的东西中间，变成一条细线。这个圆盘有着时而消失、时而出现的坏习惯，但现在它在天空之中。为什么它要一直变换形状呢？其实，您真的不想为周围的事物而动气，可是大自然就是不让您好过。

仅靠这白色圆盘发出的微弱亮光，您不出三步就会脑袋开花。您叹了一口气，瘫坐在地上。火源坚持不了多久了，而且现在也没法再次点燃它，就只能等待另一个散发黄色光芒的圆盘出现。如果运气好的话，天上就不会出现灰茫茫的一团，呼啸着发出轰隆隆的响声，也不会有水流从天上倾泻而下。有时候，您真的想一脚踢在石头上以发泄自己的愤慨。不过，要等到人类发明出包裹脚的东西后，您才能更好地使用这一坏习惯。

您再次望向天空，它晴朗异常，一切都从未这样清晰，甚至可以看到许多闪烁的小光点。有一些非常明亮，而有一些根本没有闪烁的光芒。一条更加明亮且发散的光带横跨天空，在地平线处戛然而止，被山脉的轮廓阻断。

不知为何，您爱上了这个精彩绝伦的景观。这是一种奇怪的感受，以前，您从来都是因为在短时间内看到对自己有益的东西而兴奋，如又肥又大的公猪、寒冷中的篝火，或者一支异常锋利的长矛。但此时此刻，就像打开了脑海中的某个开关，您唯一想做的事情就是毫无目的地望着天空，甚至忘了睡觉。

这个新的爱好让您脖颈酸痛。于是，您躺下来以缓解一下颈部的酸痛，又接着专注地看着天空中的小光点，直至它们有了消失的迹象。慢慢地，这场精彩的节目在明澈的天空中落下帷幕。这是您生平第一次为那个黄色光盘太早出现而感到遗憾。

从这天开始，观察天空中的小光点成了您的习惯。您注意到，入夜以后它们从地平线的一边缓慢地移动到了另一边。不过，有一些光点的移动轨迹和移动速度都与其他光点不同。是什么让这些光点与天空中的其他部分相反而行？它们有自己的意志吗？

随着时间的推移，您发现白色圆盘似乎会改变形状，并且它遵循一个非常规律的周期。事实上，您已经意识到，根据它的形状自己可以推算出它什么时候再次变大或者消失。观察天空时，您也注意到，即使是其他小亮点，在炎热和寒冷的季节之间似乎也会以规律的方式改变位置。越观察，您越肯定天空中的这些光源的移动都不是混乱的，而是遵循着各自的规律。只是，有的周期很长，所以您之前一直没有注意到它们。

过了一段时间您就得出结论，原来那些在头上不停移动的光源并不是在密谋着和您作对；事实上，只要破译出它们传递的信息，就知道它们是在指导着您度过寒冷与炎热的各个时期。

恭喜，您刚刚已经无法逆转地改变了人类的历史进程。

第一章

与天空的首次接触：史前时期

可以 想到，史前时期人类的生活必定十分艰难。如果您是那些上万年前的地球居民之一，一定会觉得大自然在无所不用其极地给自己制造困难。

猎物会尽其所能地逃避您的追捕。到了夜晚，那些拥有不同于人类的长着锋利牙齿和长长爪子的野兽会威胁您的人身安全。有时候，您会觉得连植物也在和您作对。一些水果看起来鲜美可口，但吃下肚几个小时后，您就感到，它们让自己的胃里如同翻江倒海一般。

气候因素就更别提了。

我们知道，"年"这一概念是相对晚一些时候出现的，它能让我们预知季节的到来。但史前人类并没有这种时间观念：对于他们来说，首先迎来的是一段时期的寒冷和贫瘠，这时大自然让生存变得极其艰难；而后才能迎来温暖惬意、食物充盈的时节。

在令人绝望的条件下，最初的现代人类为了使生活有一定的规律性，在一个完全意想不到的地方——天空，找到了可以帮助他们增大生存可能的伙伴。

在公元前37500年到公元前35000年之间，我们的祖先开始对头顶上持续循环移动的光源感兴趣。人们在边境洞穴（位于南非和斯威士兰边界地带的夸祖鲁-纳塔尔省）发现的一块狒狒腓骨可以追溯至这一时期。这块狒狒腓骨上有29个平行标记，与月球运行周期的天数相对应。可以肯定的是，这些痕迹是人为留下的，而非自然生长在狒狒腓骨上的。

另外，人们在德国奥赫谷发现了一块具有3.25万年历史的象牙板。在板子的一侧是人们发现的最早具有星座含义的符号，有确切证据表明该星座是猎户座。象牙板另一侧则有86道凹槽刻痕。这是一个奇特的数字，因为用一年的天数减去86恰好对应人类怀孕的平均周期。另外，猎户座最明亮的红巨星参宿四（又称猎户座α星）一年在地球上空出现的天数也是86天。史前人类很可能基于这样的一个巧合，将人类的繁衍与某种超自然的现象联系起来。

最后要说的是，人们在法国多尔多涅发现的一块公元前28000年的骨板，它也是诸多例证中的一个。上面的凹槽痕迹表明，那时的人类不仅试图以此代表月亮运行的各个阶段，还试图记录在29天半的周期内，月亮在天空中的运行轨迹。

这些发现表明，自历史初级阶段开始，人类已经能够利用天空中周期性的变化和规律性的事物来计算时间。虽然这种方法是以日、月来计时，不如分秒那样精确，但总是聊胜于无。史前时期的人类在3万年间一直沿用此历法。

直到不到5000年前时，人们才发现了更加复杂、精准的计时方法。

1. 指向天空的匕首

我们把时间轴倒推至公元前2500年—公元前1700年，就能看到史前文明时期人类对天文学更加复杂的认知。

在法国南部的奇迹谷，一队考古学家惊奇地发现，那个时期曾经有一个部落的人一直致力于凿刻山谷的石壁并留下了3.5万块壁画，壁画上的图案似乎代表着他们日常生活中的物品：戟、斧头、轮子、动物……

更加奇怪的是，90%的雕刻内容是人们正在进行凿刻的画面。不，这只是一个玩笑。真正奇怪的是，分散在山谷各个地方的都是雕刻在石块上的匕首。

一块刻有115把匕首的石块引起了考古学家们的浓厚兴趣，因为这些匕首都同时指向天空的方向。如果说当时的人们只是想利用这些图形作为某些地方的路标，如溪流或祭祀场所，那还说得过去；可是，这些指向天空方向的匕首雕刻显然没有指路的作用。

于是，研究者们开始从其他角度思考这个问题。如果这些匕首并不是单纯指向陆地上一个具体地点呢？它们被雕刻成统一指向天空的样子是否另有意图？在对比了4000年前人们在山谷中可以观测到的天体的位置后，考古学家们发现这些匕首指向地平线的范围，涵盖了从温暖季节一直到秋分时节太阳落山的角度。

"唉，等一下，纪录片里面总是提到昼夜平分点和至日，似乎它们非常重要。可是在现实生活中，它们有什么意义呢？"

我悄悄地和您讲，当有一些概念他①不清楚，或是根本不相信我所说的话时，他就会直接打断我。我们就是以这样复杂的爱恨交织的情感联结在一起的。

但是这次，他问了一个很有意思的问题，所以我决定从最基础部分开始讲解。

2. 昼夜平分点与至日

地球绕太阳公转，并绕地轴自转。这些是我们熟知的常识。可是大部分人不了解的是，地轴还有一个23°的倾斜角。

这个倾斜角似乎没什么意义，可是如果没有它，地球表面就不再有温度的变化，也没有四季的更替。从一个方面讲，这也还不错，至少北半球没人在11月份的社交媒体上嚷嚷"让夏天快点来吧"。但从另一个方面讲，若一

----
① 作者假设的与自己对话的人。——译者注

年不被分为四个季节，人类也不会有如今的技术进步。

是的，正如您听说的那样，如果没有四季更替，地表就不会有不同的气温带，接近南北两极的地方就会永远笼罩在寒冷之中，而越靠近赤道的区域则温度越高。由于无法生活在永久的极地寒冷之中，人类将会把低纬度地区当成避难所，因为那里常年气候温和宜人……而这样的气温也是那些携带致命传染病菌的昆虫所喜爱的，正是冬天寒冷的气温阻止了它们在远离赤道的地方繁衍。

在有冬季的地方，许多基本作物，如小麦、玉米、马铃薯、燕麦或大麦生长得更好。换句话说，没有季节更替的世界就是没有啤酒的世界。

这真是太可怕了，我连想都不敢想。但是，地轴倾斜角到底在季节变化过程中扮演着什么样的角色呢？

地球绕太阳公转时，地表朝向太阳的一面被照亮，而另一面则处于黑暗之中。也就是说，黑夜之所以会降临，是因为地球的自转让我们处在不能接受阳光的一面，也就是进入了黑暗的区域。在下页图中，您将会看到地轴倾斜角是如何影响地表昼夜变化的。

如果地球垂直于阳光进行公转（如左图），那么地表每个点每天处在光亮里的时间与处在黑暗里的时间是完全相同的，因此每天的时间是昼夜平分的。

相比之下，地球以23°倾斜角绕太阳公转时（如右图），不同纬度的点处在光亮里的时间与其处在黑暗里的时间不同。这就改变了一年中每个季节夜晚的时长，这一差异也与全年的温度变化密切相关。在白昼较长的季节，各个地区接受阳光照射的时间就会增多，相应的温度就会升高。

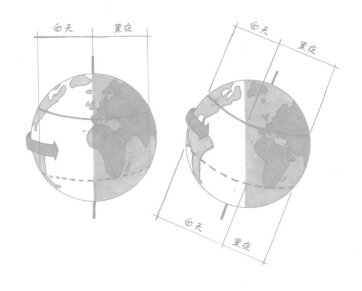

然而，还有一个决定性因素比上述情况对季节变化的影响更大。

大家似乎都认为，地球相对于太阳的倾斜角度随其公转而发生改变，这就是导致各个半球季节不同的原因。

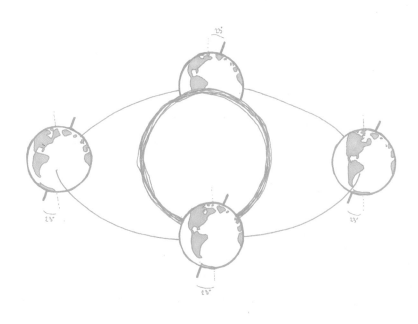

实际上，地球在同一年里并没有改变本身的倾斜方向。正因如此，地球上才有相反的两个极点：其中一端指向太阳，而另外一端则指向相反的方向。

"哦！是这样，指向太阳的一端会接受更多的阳光辐射，所以是夏天。"

"嗯，大概是这个意思吧。"

严格来讲，在各季节里，到达南北半球的阳光辐射量都较为相似。然而，这并不是影响温度变化的最重要因素。关键在于，朝向太阳的半球以更高效的方式吸收了阳光的辐射，而背向太阳的半球则只是侧向接收了阳光的辐射。

不用担心，下图会弥补我描述上的欠缺：

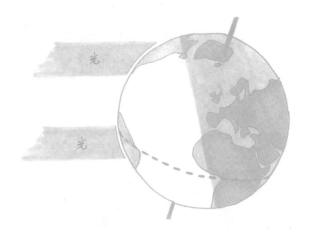

图上展示的是相同的光线照射在南北半球的情况。由图可见，南北半球接受光线的面积不同，北半球光线被分散到更大的区域，而南半球的光线则更加集中。也就是说，在南半球地表单位面积上接收的热量更多，气温也就更高。正因如此，夏天才比冬天的时候显得更加炎热。

"嗯，我们现在是不是有点跑题了？这些和昼夜平分点有什么关系呢？"

关联很大。

当地球绕太阳公转时，阳光到达地表各区域的角度略有不同。正是这些不同的角度，使地球运行轨道上的四个点产生了很有意思的效果。

当阳光直射到南极点或北极点时，相应半球上的人将经历一年中最长的一个白昼。那一天，阳光照射该半球的时间是一年中最长的。而另一半球则正经历着一年中日照时间最短和黑夜最长的一天。

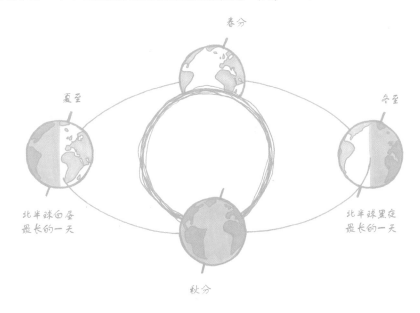

在上图中，可以看到地球上有两个点都不向太阳倾斜。在阳光分别照射在这两个点的时间段，南北半球所接受的阳光照射的面积相等，即阳光留在两个半球的时间相同。换句话说，就是这段时间应是昼夜平分的。

地球运行轨道上这些昼夜平分点，标示着白天或者黑夜将会慢慢延长或缩短，温度也会相应地随之变化。如果您每天过着衣不蔽体的生活，这些现象就是对生活至关重要的影响因素。

在北半球，从春分起白昼逐渐延长，一直到夏至——这天是太阳在天空中停留最久的一天。夏至过后，白昼逐渐缩短，直到秋分到达昼夜平分点。从这一天起黑夜逐渐延长，直到冬至——这天是一年中夜晚时间最长的。而后黑夜又开始逐渐变短直到春分，如此周而复始。

这四个节点亦标示着气温开始发生变化，对奇迹谷的居民们来讲这十分关键。因为他们需要这些信息来判断植物何时开花、何时适宜狩猎，以及何时在丛林里能赤身裸体地行走而不用担心气温过低。

考虑到生活中诸多影响因素，奇迹谷的居民们对于预测各个季节温度的变化有着十分浓厚的兴趣。

春分和秋分的昼夜长度相同，夏至是白昼最长、黑夜最短的一天，冬至则是白昼最短、黑夜最长的一天。

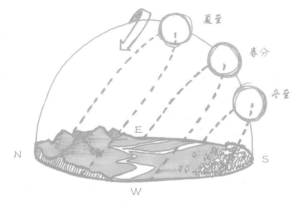

我们现在回归主题，继续讲解那个匕首指向天空的神秘雕刻。

由于地轴倾斜角的影响，我们会觉得太阳的运行轨迹一直都在变化。当阳光分别直射两半球时，我们会看到太阳在清晨和黄昏的运行轨迹是最高的。地球继续沿着轨迹行进，并保持着这一倾斜角度，太阳的运行轨迹会越来越接近地平线，日照减少，白昼缩短。在某个中间的位置，会出现昼夜平分的现象。

下页的图，也许能更好地给大家解释清楚太阳运行轨迹和地轴倾斜角的问题。

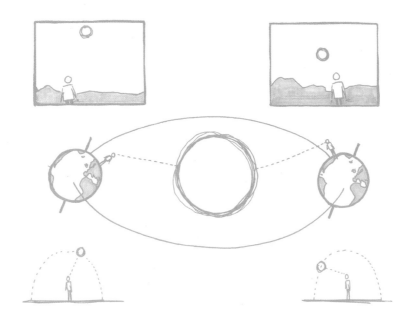

地球不停地绕太阳公转，地轴相对于太阳的倾斜角度每天也在变化。相应地，我们每天看到的日出与日落的轨迹就不一样。

您一定以为自己只是为了满足好奇心，才买了一本天文学历史的书籍，本不应该出现科学概念或"昼夜平分"一类的词汇，对吗？可是，如今的人们探究问题总是漫不经心，最后还是停留在一知半解的程度。正是这样的态度使得一些知识越发不被了解。

3. 指向天空的匕首（回归正题）

奇迹谷的居民们已经了解到，日出和日落的地点在一年中缓慢地发生着变化。他们也学会了利用这一现象。

当观察到一天的昼夜时间大致相同时，居民们便来到岩石边，在太阳消失于地平线之前，将一把匕首垂直地插在岩石上，而后刻画下它的影子。由于那个时候距离精密计时器的发明还有上千年，他们还没法确定相应的具体日期。所以，我们可以在岩石上找到115处刻痕，而不是精准的一条印记。

就这样，通过观察这些印刻在石块上的太阳轨迹，奇迹谷的居民们能够大致预测季节的更替，知道什么时候大雪将覆盖山峰，由此提前搬到山下居住。

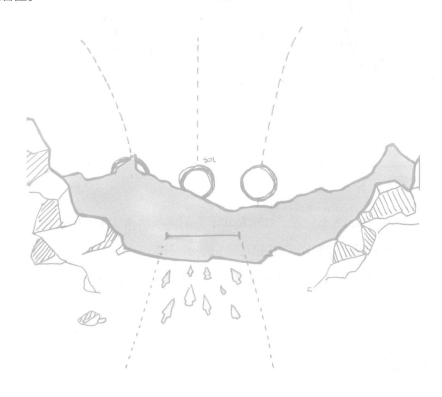

"嗯，这确实是个好法子。可是为什么要特地发明一个系统来告诉人们温度的变化呢？我们自己不就可以感知冷和热吗？"

陆地气候的特点可以用很多词语来形容，但"准时"可不是其中之一。有时候在10月份，本该慢慢变得凉爽，却突然热起来；又或者本来您已经准备好应付炎夏酷暑，没想到突然降温，您不得不将已搁置的大衣从衣柜里拿出来。这些事情如果发生在今天，不过是人们在电梯里无聊时的谈资。然而这些变化对那时候奇迹谷的居民们来说，就是安然地在山下过冬与被大雪困在山顶死于饥饿和寒冷的区别。

虽然那时他们还不能准确地预测昼夜平分点，但已经发现了太阳运行轨迹与周遭环境变化之间的关系。这可以帮助居民们将一年分为两个季节，并根据对未来的预测做出更合理的决定。

不过要知道，奇迹谷的居民并不是唯一能够通过至日来预测时令变化的部落民。

4. 巨石阵

有许多史前的遗址都与记录天体运行轨迹有关，它们跨越时间长河保留至今。最著名的一处当数巨石阵了。当然，它也没有有关外星人的纪录片里讲的情形那样神秘。

这个由石柱组成的、用于观测天体运行变化的综合计时体系，相较于奇迹谷的计时方法而言要复杂得多。关于这个遗址要说明的一点是，它并不是一次性建造完成的，而是经过1500年（公元前3100年—公元前1600年）的一次次改建，才形成我们今天所熟知的这个标志性石柱建筑群。

历经数代人的努力完善，这个复杂的计时系统得以提前面世，提示人们一年中将出现的各类天文现象。

相比在石头上雕刻几把指向地平线的匕首，巨石阵要复杂得多；同时，我们也能看到人们用几吨巨石来建造计时系统所付出的努力，亦证实了人类在记录天体运行轨迹这件事情上认真严肃的态度。

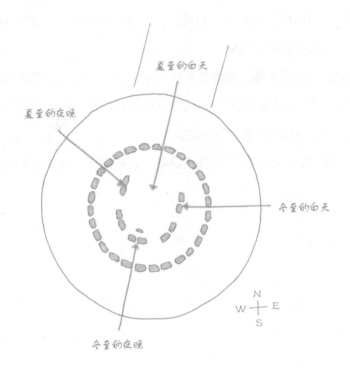

夏至的白天

夏至的夜晚

冬至的白天

冬至的夜晚

N
W E
S

　　这些在天空中移动着的、神秘的、永不掉落的光点给人类身边的环境带来了许多变化，也正是这些变化在狩猎、迁徙、农业方面指导着人们的生活。再后来，如果在采摘水果的季节天空中出现了一颗恒星，人们就不再视其为巧合，而是给它们建立因果关系。人们将这些能够指导农耕生活的天体视为自身的守护神。

　　正是由于巴比伦人痴迷于将天空中的一切变化与人们身边生活发生的事情联系起来，在如今的杂志上，我们仍能看到有关星座运势的内容。

第二章

恒星变为神灵：
古埃及文明

019

古埃及文明似乎令全世界为之着迷。关于古埃及文明，现存大量信息，但不幸的是，许多"神秘"书籍和纪录片的作者都在歪曲这个文明。他们坚信：内容越是古怪离谱、毫无证据可寻，读者和观众们就越买账。在毫无理论依据的情况下，他们声称古埃及文明曾经得到过外星文明的帮助，因为在那个遥远的年代，人类完全没有能力建造宏伟建筑。这样说的人并不在少数，我并不想详细分析这些论调，只简单说几点。

虽然我们不知道当时的埃及人使用了何种系统，但确实有一些方法可以让一小群人移动巨大的石块。另一方面，并没有任何图形或文字曾记载过外星飞船带着石块飞来飞去。反而有象形图画表明，人类确实曾经运输过巨大的雕像。

现在回归正题，毕竟本书是讲天文学知识的。古埃及人的研究向前推动了一大步，他们改进了预测时间的方式。我的意思是"流逝的时间"，而非天气。这项技术在古埃及已经十分普遍。

古埃及文明位于尼罗河畔，这如同绸带一般的河流在穿越沙漠时，沿线仍然是茂盛的植被。我是认真的，看尼罗河的卫星图像时，您就会发现在沙漠景观中区分河道是多么容易，它们就像是旷地上的绿色经脉。

古埃及人并不像奇迹谷的居民那样热衷于预测季节性变化。因为尼罗河沿岸冬季最低气温通常在5～10℃，所以他们从不用担心河流因温度过低而冻结，更不用因此而迁居。

古埃及文明之所以能够延续下去，并不依赖于古埃及人对季节更替的预测，而是更多依赖于他们对具体自然现象的预判。

每年大概有五个月的时间，尼罗河的水流量会增加、水位上升7.6～13.2米，而后再下降。当水退去时，河两岸会留下富含矿物质的淤泥。这片肥沃的土地恰恰是沿岸古埃及文明发展壮大的原因之一。

当然，水位上涨也并非全无坏处。洪水有可能淹没庄稼和村庄。为了使居住地免受其害，人们每年都会事先修建防洪屏障。为了达到这个目的，对河水涨落进行预判是必不可少的。

古埃及人确实有充足的时间来观察星象，寻找可以让他们预判尼罗河水上涨的迹象。尼罗河边开始有人类定居的时间可以追溯至公元前5500年左右，而古埃及文明的出现大约在公元前3000年。由于那时古埃及人的家中还没有带有法老图片的日历用来帮助计算时日，所以他们就像奇迹谷的居民一样，将目光投向了天空。

然而，河水的泛滥并不像季节更替那样有规律，它既有可能提前，也有可能推迟。要想有充足的时间做好修建准备，就必须有能力预测河水上涨的时间。即使这样，河水依然有可能提前许多时日到达。古埃及人逐渐意识到，一旦水位开始上升时，天空中就会出现一个异常明亮的光点。它就是我们今天所熟知的天狼星。天狼星是亮度排在第四位的恒星（前三位分别是太阳、金星和木星）。也就是说，当夜空中出现天狼星时，迎接河水上涨的时候就到了。

然而，古埃及人并不拥有我们现如今的天文知识储备，而且那个时候巧合与确定因果之间的界限也十分模糊。他们并不认为天狼星只是碰巧在河水泛滥前出现，而是觉得天狼星的出现引发了水位的上升。而且，天狼星正处于猎户星座中三颗亮星相连所指向的方向。于是，在古埃及人眼中，这颗恒星的出现一定不是巧合。

"那么，天狼星在一年中的某个确切时间的出现，到底意味着什么呢？"

地球之外四面八方都是星体，就像是围绕着我们的一个个球面。不过，我们无法同时看到全部的景象，因为地表有一半的区域被太阳照耀着，人们只能在夜晚观察那些天体的移动。因此，受地球运行轨道上的位置所限，我们能够观测到的星体并非全部。

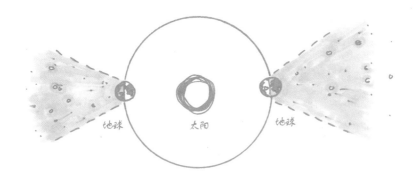

或者说，天狼星出现在夜空中，是因为那一年地球沿着运行轨道运行到某个位置。在这个位置，人们恰好看到天狼星出现在地表某一位置的上空。

总而言之，古埃及人有理由认为，那些并不影响地球运行的天体有某种神秘力量，引导着他们在一片混沌中生活。天狼星被认为能给人们带来富足，在古埃及神话中被视为"繁荣女神"的化身，也就有了"索普代特"这个名字，字面意思是"精彩"。

如大家所见，我们完全可以在不牵涉外星人的情况下，对古埃及文明的某一方面进行解释。

1. 统治一切的恒星

基于尼罗河河水涨落规律，古埃及人发明了年历。从发洪水的那一天起，一年持续时间为365天，包含12个月，每月30天，再加上额外的5天。不过，由于一年的实际天数是365.2422天，这个误差会影响人们对尼罗河水位上升时间的判断。因此，相较于完全按照年历行事，他们更需要通过观察天狼星的位置来做出预测。

古埃及人除了为预测河水涨落而对天狼星进行观测外，还发现许多星体的位置都对农作物，甚至一些动物的外表产生影响。利用这些关联，他们知道何时耕种、收割，以及捕猎。这使得他们的生活更加舒适便捷，因为播种的时间对于粮食丰收至关重要，当然他们也希望长途跋涉去捕猎时能够有收获。

不过，那时古埃及人还不知道，他们眼中的这些关联只是个巧合而已。事实上，是地球自身的气候特点导致了周遭生活环境的变化。受太阳影响，地球天气在一年中不断变化。太阳才是那颗影响地球气候的唯一恒星。不过，古人还是将各种各样想象出的神灵分配给了夜空中那些似乎能够对应重要日期的天体。

将那些天体视为神的行为，证实了古埃及人试图通过天空中的某些变化来解释生活现象。这也是古埃及文明并未受外星人影响的又一佐证。

2. 环境的重要性

为了理解古埃及人的宇宙观，我们也见识一下他们每天看到的东西。

古埃及文明发源于富饶的尼罗河畔，年复一年的洪水带来的包含着矿物质的泥土激发农作物旺盛生长。河水的泛滥有其规律，就如同太阳的升落一样，古埃及人称这一规律为"码特"，并根据这一规律规划日常生活，视之为普遍秩序。他们相信这种秩序由神灵掌控并维持，而法老是神派到地球的特使，负责维持人类之间的秩序。

尼罗河畔的生活条件与其他地区形成鲜明的对比。除了地中海入海口的地理位置，在绿树成荫的河岸之外的陆地上，是绵延数百千米的沙漠。古埃及人认为那里生活着处于无序状态的野蛮敌人。

古埃及人认为地球就是一个沙漠高原，四周是无边无际的海水，而尼罗河坐落于正中央。要知道，那时几乎不会有人穿越沙漠去打探另一边的情况，他们有这样的想法也就不足为奇了。在白天，太阳——"拉"神在天空，"努特"神从中央穿过，下落至地平线到达"杜埃"——这是一个地下世界，死者的魂灵在这里汇聚（善良与邪恶的灵魂虽然都在此处，可待遇完全不同）。他们认知的世界大概就是这样。

这也不足为奇，那时的古埃及人并不知道天空中那些星体的秩序是怎样通过自然过程来维持的，于是他们创造出这些神话来解释自己的疑问。

为什么天空中那个巨大的光盘会从一边落下又从地平线的另一边升起

呢？是什么力量让它的亮度在白天一直变化？为何它从未在中途停顿？为什么那些星星在夜晚出现，在白天消失？

所有这些问题，全都可以在古埃及神话中找到答案。

太阳神"拉"是天体中的国王，在正午时拥有最大的力量，在下午时力量逐渐减弱，最后到达阿凯特（Akhet）——地平线。这时太阳神过于虚弱，就将清晨吞下的众神（也就是夜空中的星星）吐出。在进入杜埃这个地下世界后，拉神乘船越过重重障碍，到达地平线的另一端。在那里他又碰到了代表"破坏"与"混乱"的蛇怪阿佩普。阿佩普威胁拉神，要让其所乘之船沉没，并让太阳陷入一片混乱。幸运的是，在众神的帮助下，拉神打败了蛇怪阿佩普。

在穿越杜埃的过程中，最重要的时刻是太阳神与奥西里斯的结合，奥西里斯是曾经被塞斯摧毁的神。他们的结合使得拉神恢复力量，出现在地平线上，并再次吞下了所有的星星。

古埃及人相信这样的事情每天都在上演。

3. 古埃及人有一切问题的答案

不仅宇宙中规律性的事物使古埃及人感兴趣，他们也有其他问题，如：为什么太阳光要远远强于月亮发出的光？毕竟它们都是大小相同的光盘。

那时的人们给出的答案也相当富有逻辑：塞斯神打伤了天空之神荷鲁斯的一只眼睛，后来被托特治愈。在古埃及神话中，太阳与月亮分别是荷鲁斯的双眼。因为其中一只眼睛（月亮）曾经受伤，这也就解释了为什么它发出的光要微弱得多。

与古埃及人对天空的探究相比，那些巨石阵的建造者们简直像仅穿两片破布的原始人。不过，他们本身穿的衣服可能也不太多。

古埃及的建筑规模庞大而复杂，但是天文现象依然在其中扮演了重要的角色。大金字塔中的南北两个通风管道，其中南向管道指向了天狼星和猎户座的"腰带三星"，而北向管道指向了一直在地平线之上的"启明星"。

古埃及的神庙则一般指向重大天文事件的发生地：如至日或昼夜平分日的日落地点，或古埃及上空最亮星体对应的地点，又或者在四大基本点。更具体来说，金字塔中有一个倾斜的通风口，由法老的墓室直通外部。这个开口是个倾角为10°的圆形区域，指向那时绕北极上空旋转的两颗星星。古埃及人认为天空中的这个区域通向天堂，这个隧道便于让法老的灵魂来人间工作。

"我刚刚意识到，您提到的那两颗以前的星星，它们现在已经消失了么，还是有人移动了它们？"

没有谁动了这两颗星星，是天空自己移动了，现在我解释给您听。

4. 天空不会静止

回忆一下，我们曾在学校里学过，地球绕太阳公转（这个大家都知道），并且以一定倾斜角度绕地轴自转。正如我解释过的那样，这个倾斜角度是23°。有了这个倾斜角度，地球得以实现第三种运动。

想象一下——其实也不用依靠想象力，您就直接拿一个球形的水果和两根小木棒。把其中一根垂直插进水果中，并将其略微倾斜一个角度，这个就代表地球的自转模型。接着，将另一根木棒垂直插入水果中，若转动这第二根小木棒，之前倾斜的那根轴会自动绕第二根轴运动。

这就是"地球进动"现象。我知道利用水果和木棒的解释可能不太清楚，下面还有一幅演示图（第028页上图）。

地球需要约2.6万年的时间才能完成一次"进动"。因此，在短暂的生命

中，我们可能不会察觉到这一现象有什么影响，只是它产生了很有趣但不那么直观的效果。所有人都知道，每天晚上星星从西边升起，到东边落下。我们观察到在一年中每天夜空中的星体都略有不同，这是因为地球绕太阳公转，我们望向天空的视角每一天都有所改变。

即使如此，有的星体全年都会出现在地球的夜空中，它们中有一些甚至整晚都在，并不会消失在地平线下。这是因为有的恒星在整个太阳系平面之上，在地球的运行轨道上一直都能被观测到。

北极上空的极地恒星就是个例子，它始终相对地球保持静止，我们利用这个恒星来确认地理北极的位置。在南极点的上空并没有这样的恒星，但是在极地周围能观测到几颗恒星。

这些极地制高点在南北半球都与地轴相重合，由于地球的自转，这些点

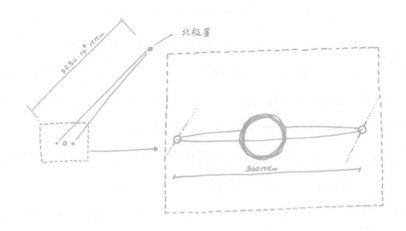

周围的夜空也似乎在旋转。

当然了，在约2.6万年的周期中，由于地球进动，地轴的方向也在发生改变，由此地理南北极点夜空之上出现的恒星也有可能随之改变。

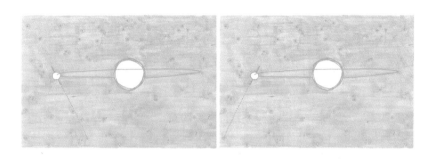

因此，我们的祖先并不像我们那样通过北极星来确认北这个方位，地球进动现象会使得这些恒星相对于南北极的分布发生变化。

在一千年以内，用北极星来确认大体方位仍然是可行的。不过随着时间的推移，仙王座的少卫增八才是更可靠的参照物。再过1.2万年，织女星就会成为最靠近北半球的恒星。

在古埃及，北极上空并没有固定的恒星，可是他们的建筑物还是很准确地朝向了北方，不过没人知道他们使用了何种方法来指北。根据（计算机模拟出的）古埃及人对天空的分析，最有可能使用的方法是三星对齐指北法（北斗六、北极二与小北斗四）。这三颗星的连线准确指向地平线北方。

还有一个问题在于，古埃及人并不知道地球进动这一现象，因为这一变化对于人类生活来讲实在是太微小了。古埃及文明延续了3000年之久，他们却一直采用三星对齐指北法。

正是由于这个原因，后来的许多建筑物越来越偏离真正的北方。考古学家们恰好利用这一偏差来确认各个建筑物所处的时期。

另外，一个古埃及人没有接收过外星文明帮助的佐证是，他们只知道五颗太阳系的行星：水星、金星、火星、木星和土星，而且这些行星都是肉眼

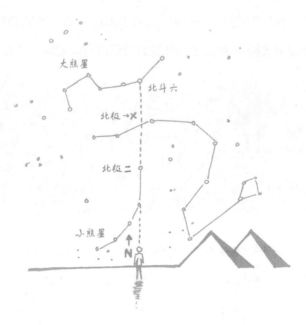

可以观测到的。不过古埃及人并不知道这五颗星是行星，对于他们来说这只是五个夜空中较为特殊的发光点而已。

"呃，不过外星人倒有可能也不知道其他行星存在。"

您真的认为一个能够进行星际旅行的文明发现不了太阳系其他的行星吗？随着本书的讲述，您会发现：当一个文明了解了一些基础自然科学概念，并掌握了一定程度的技术后，是一定能够通过观察法和探测各个天体之间的引力关系发现它们的。

不过这些都是后话了，现在我将向您深度讲述巴比伦文明，那个时候已经出现了纺织物。

第三章

向神灵学习：
巴比伦文明

031

在周日，您是否会阅读一本杂志或几份报纸来打发闲散的时光？随手翻开杂志，里面有一堆的时尚界新闻与关于西班牙酒窖的短篇报道，我们总能在最后几页发现巴比伦文明的遗产。因为这些文章根据一个人的出生日期给出每天的活动指导、规划。是的，您可能已经猜到了，就是巴比伦人发明了占星术。

巴比伦帝国的历史始于公元前1894年，结束于公元前539年。也就是说，接下来我给大家介绍的这个文明大部分的发展进程与古埃及文明在时间上是同步的。那时，巴比伦人也同样意识到一些自然现象的发生与天上的星体有着千丝万缕的联系。就像他们那些建造金字塔的邻居一样，为巴比伦人所知的五颗行星包括：水星、金星、火星、木星、土星。它们与太阳、月亮，以及其他异常明亮的星体一同被视为神。大部分神话都是基于对夜空的观察产生的。

"等一等，那他们是如何发现这些行星的呢？那时候就有望远镜了吗？"

不，不。巴比伦人可不知道行星是由岩石或气体构成的，也不了解它们本身并不会发光，而是在夜晚反射太阳的光线。正因如此，行星们才会被巴比伦人视为神灵。没有一个心智正常的人会认为表面温度超过400℃、由岩石和硫化物构成的星体有什么神圣可言。我说的就是它——金星。

由于巴比伦人只能用肉眼来观察天体走向，他们只是意识到在夜空闪烁的无数星体中，有五颗星的运动方式不太一样。

我继续解释。

在一个晴朗的夜晚出门可以观察星空。您居住在城市里吗？那就搭便车请一位陌生人把您带到一个幽暗而偏僻的地方（希望您别把这个建议当真）。现在已经到达目的地了么？很好，看一下时间：12点整。太棒了，这个时候您把买来给早餐拍照片的单反相机拿出来，对着星空将这一瞬间定格。拍完照片就回家吧，然后第二天在同一时间、同一地点再拍一张照片。如此一天一天地坚持着，直到再也搭不到便车或相机内存已满为止。

结束拍摄后将所有的照片打印出来，并一一排列好。

发现什么了吗？就像将一张"洋葱皮"绘图纸放到复印机里面影印，再放到原样上对照。大小轮廓一致，对吗？（我可能真的不太会举例子。）您看到什么了？

"等一等，图像并不是完全重合在一起，有几颗星星的位置有变化。难道是照片出了问题？"

和他人一样，您的照片是不是也出问题了？别担心，并不是您摄影技术的问题。图像中某些星体的变化是由太阳周围行星、恒星，以及地球的移动导致的。

1. 浩瀚宇宙中一切都很遥远，只不过距离有所差别

相较于恒星而言，许多行星与地球之间的距离并没有那么遥远。如：地球在距太阳约1.5亿千米的地方绕太阳公转，火星轨道的近地点长达5460万千米，土星轨道的近地点则有12亿千米，这是能用肉眼观测到的距离。

光速约30万千米/秒，即使以这个速度，阳光也需要13分钟才能从太阳到达火星，阳光到达土星则需要1小时20分钟。我们用卫星或太空探测器要慢更多，可能需要数月，甚至数年才能到达这些近邻的星体。

是的，这些动辄以百万甚至数十亿计算的天文数字，对我们来说很难理解。不过相较于这些星体与地球的距离，有些行程就像是下楼买个面包那么短。

距离太阳系最近的一颗恒星是半人马座阿尔法星（比邻星），离我们有4光年之远。4光年，请记住"光年"并非时间单位，而是距离单位，它表示光在真空中行走一年的距离。由于光速约30万千米/秒，所以一束光在一年内行走约10万亿千米。换言之，那颗距离太阳系最近的恒星离我们有40万亿千米。

一光年，就是光在真空中行走一年的距离，相当于10万亿千米。

好吧，这样讲大家的感受可能还是不够深刻。我举一个更加贴近生活的例子：一辆车以120千米的时速行进（这是一个必要的假设），它将花费

3805万年的时间才能到达半人马星座阿尔法星（比邻星）。或者说，假如从公元前3200年古埃及第一代王朝出现时起，以上述速度出发，截至今日可能走的距离还不到两者间距的七万分之一。

现在，您对于这些天文数字所描述的距离远近有一些概念了，对吗？况且，半人马星座阿尔法星（比邻星）算是距离太阳系最近的一颗恒星。就我们观察到的，天空中最亮的三百颗恒星离地球最近的距地球347光年，相当于3470万亿千米。那辆车要以120千米的时速开上33亿年，这还是在不停下来去卫生间的情况下。若从16万年前地球上出现第一个智人时开车出发，时至今日可能还没有走完两万分之一的路程。在这段时间里，地球上的生物与人类的生活已经发生了翻天覆地的变化。

尽管这些星体持续不断地在人类的头顶上空移动着，奈何它们与地球的距离实在太过遥远，故而在我们的视角里这些星星在夜空中似乎有着各自固定不变的位置。不过，由于在相当长的一段时间里这些星体都在围绕太阳公转，他们的运动轨迹在一定程度上还是可以预测的。

这就解释了为什么我们在晚上观察恒星时，它们的位置不会出现非常明显的变化。而一些行星的运行轨迹——如果我们以地球表面为单一的坐标来看，它们的运行方式就相当令人迷惑，就像巴比伦的居民一样，完全无法理解眼睛看到的这些变化。

2. 行星，夜空中不太听话的星体

我们站在地球表面观测星空，相当于抬头看到了一个被弯曲了的平面，这样的视角当然是有局限性的。因为我们没法判断夜空中星体运行的纵深距离，只能看到它们在三维空间中绕地球转动所产生的二维平面位移。

因而，在观测星象时，我们会觉得行星只是在天空中移动。

正因如此，当地球绕着太阳公转时，太阳系的所有行星都在其椭圆形（近乎圆形）的轨道上运行，以太阳为中心处于同一平面上。这意味着它们的轨道或多或少会与太阳的赤道面相重合，类似嵌入在一个想象中的磁盘里。正由于地球位于这个"磁盘"之内，人们的视野中太阳系的行星似乎像一条线一般穿过天空。这是由于我们在地表的位置上视线受到阻碍，因而看不到它们轨道的曲率。天空中的这条有各颗星体（当然也包括太阳，毕竟它位于平面最中心的位置）移动的假想线被称为黄道。

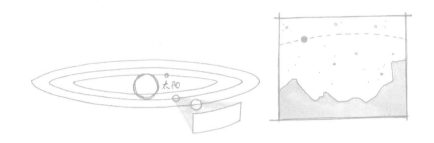

但是，让巴比伦人困惑的种种现象远不止于此。行星与太阳的距离越近就意味着它的公转轨道越短，运动也相对地球快得多。而更远的行星其运行速度则相对较慢，要想绕公转轨道一周就需要走更长的距离。结果就是，有时候地球会"超越"那些运行较慢的行星（火星、木星、土星），也有时候会被运行较快的行星（水星、金星）甩在后面。

在人们二维的视角中，上述现象被认为一年中行星会在黄道上反转他们的运行方向。（请参考第038页的图示）不仅如此，由于地轴线相对于黄道平面是有倾斜角度的，当人们在地表观察外太空星体时，其视角会根据地球绕太阳公转的轨道位置而改变。

获悉这一切后，我们可以将自己置身于巴比伦天文学者所处的时代环境中。他们用肉眼观察并记录天空中各个星体的位置，认为这些只是光点而已，并不晓得是距离地球较近的五颗行星，它们也在围绕太阳公转并反射太

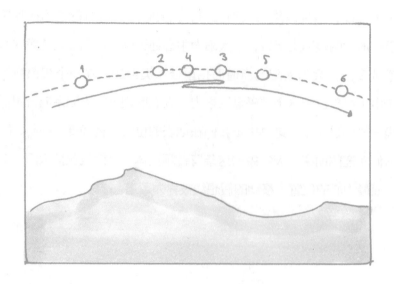

阳的光芒。

　　也就是说，巴比伦人在一年之中记录夜空中那些不规律运动星体的轨迹时，由于并没有任何影像记录设备，他们只能通过手画的方式标注每个天体的坐标。这种方式留下的轨迹，其实，有些过于主观了。

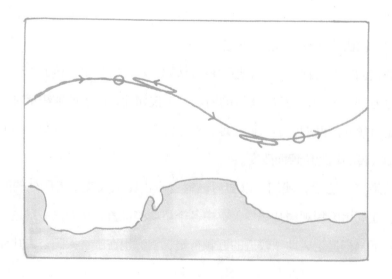

若是没有必要的天文、科学知识来解释这些自然现象，那么对于巴比伦人来说，这五颗并不按照其他天体运动规律行进的行星是如此的不同寻常，超自然一般地存在着。这也反映在巴比伦的神话中，纳布、伊丝妲、涅尔加、马尔都克、尼努尔达分别代表着水星、金星、火星、木星和土星这五颗肉眼可见的行星。

3. 偶然与因果

如今我们谈起神，总会联想到基督教、犹太教等一神论的宗教，它们的存在与信仰密切相关。因为在这个世界上，并没有明确的神迹向人们表明这些神灵的存在，而教徒对其宗教的信仰在一定程度上是盲目的。

然而，对于巴比伦人来说，它们所信奉的神灵并不是没有实体的，更不是隐藏在幕后，像操纵提线木偶般控制着这个世界。巴比伦人相信在头顶上的夜空中，那些神灵正是通过与众不同的运行轨迹向人们展示了自己的存在。那么，还需要其他证据来证明这一想法吗？

每晚都能够在夜空中看到神灵这一事件，带给巴比伦人新的问题。如果众神通过夜空中的光亮来表明他们的存在，那么这些运行轨迹有什么含义？他们又试图向人类传递着什么样的信息？这些信息会不会成为地球上某些现象的线索？在巴比伦社会中，对天空中这种超自然现象的认定使得观察夜空中行星的运行轨迹成为牧师或传教士的专职工作。毕竟，研究天体的运行轨迹就等同于破译神灵的语言。不过，他们如何才能通过观测来解释众神向巴比伦人传递的信息呢？

就如同古埃及人联想到天狼星的出现与尼罗河河水涨落之间的因果关系一样，巴比伦人也注意到地球上的某些现象与夜空中天体变化的现象同时发生。不过，巴比伦人并不满足于单纯地将这些行星奉为神灵，祈求他们为自己带来风调雨顺的遂意生活。不，不是这样的。

如果降雨和水位的增减与天上星体的运行轨迹相关，那么为什么许多其他现象并没有征兆呢？

巴比伦人绝对不可能将偶然与因果这两种关系做区分。他们认为行星在夜空中的运行轨迹（也就是他们所信奉的神灵）是试图向国王传递信息，告知即将发生的事情。因此，巴比伦人认为，只要能够提前预测各个星体在天空中出现的位置，就能够知道众神所传达给国王的、已经安排妥当的关于未来的信息。若是成功破译它们，巴比伦人就会有极大的优势应对未来生活中的障碍。

为此，巴比伦人近乎痴迷地观察天空中星体的位置，并试图将这些变化与周围发生的某些重要事件相关联。一旦生活中有大事件与夜空中的某个星象发生时间上的重合，这个现象就会被当作一种征兆，用于预测未来事情的发展。

比如，若巴比伦的军队在某一次战斗中落败，而恰逢月亮处于新月状，金牛座的火星和木星又十分接近（稍后我们也会谈到星座的话题），这时候，祭司们就会把这些行星的位置刻录在黏土板上。

为了巩固王权、为子孙后代指明道路，巴比伦人把这些被关联起来的可能造成负面影响的信息记录下来，提示后来人尽量避免在某些星象周期内发动战争。那时的人们十分重视观星活动，在一套有70块泥板的系列楔形文字神话碑文中提到了7000多个预兆。这被视为破译众神信息的语言词典，包括："若在第一个月恶魔（意指天鹅星座）的嘴巴在早晨张开（与太阳同时升落），那么伊拉（神的名称）将会下达命令，五年之中将在阿卡德（城市名称）出现瘟疫，不过并不会影响牛群。"

每一次尝试将天空中的现象与周围发生的事件相关联的时候，都会让人产生一种错觉，那就是又产生了全新的星体运行规律。巴比伦人还是设法将很多杂乱的事件捆绑在一起，同时试图将本无任何关联的事情关联起来。

就这样，占星术应运而生了。

如果具有十分充足的数据和样本，并且又在积极寻找这些事件中的某些关联，就会很容易看到一些模式性的东西。比如说，假设一个人确信大街上汽车的颜色与中奖赢得百万欧元有关，他就会每天花好几个小时在窗户前记录所通过的汽车的颜色，并且在周末的时候试图找出这些颜色与中奖号码的关系。

起初当然会毫无头绪，不过若痴迷于收集各种各样的信息，数据信息就会慢慢地堆积如山，也就很容易在其中看到某些模式性的规律。

他可能会发现，当中奖号码多为奇数时，窗前通过的红色汽车会比白色汽车多；或者当一天之中有超过10辆蓝色汽车通过时，中奖号码里面会有8或15这两个数字。

根据这些"发现"，凭借直觉，以及预测出的数字，他依然在大多数情况下都没有中奖。可是，他不但没有意识到这些工作的无效性，反而认为自己的这一套理论需要更多的数据来完善。不过，有时候他碰巧预测对了，于是这也就成为他认为自己正走在一条正确道路上的明显证据。随着时间推移，他会给这套理论添加更多荒谬又复杂的规则：慢慢地，观察的对象中开始包括自行车，他待在窗户前的时间越来越多，经过的警车和救护车也被他列入特殊类别中。凡此种种，都是在效仿巴比伦的天文学家做着他们已经重复做了几千年的事情。并且，他还在为自己的这套理论不断添加变量，就像古人记录新的天文现象一般，试图将星体的运动与地球上发生的事件联系起来。

"嘿，有没有可能巴比伦人知道巧合与因果的区别，而您曲解了他们的用意呢？"

嗯，好吧，那我接下来就讲一下巴比伦王室为了预测未来、完善天文观测所使用的其他方法：宰杀动物，取出它们的肝脏，然后分析动物器官上的某些斑点。人们甚至试图找出这些不同器官的构造与周围发生的事件的联系。与观察记录星象所用的方法相同，巴比伦人也将这些动物器官上的斑点在黏土板上做了记录，以方便以后查阅。

这么说，看起来我好像在试图嘲笑可怜的巴比伦人。不过，这些确实也是实情。虽然我对他们痴迷于根据星体运行轨迹来预测未来的行为感到好笑，但他们是历史上第一个为天文学成为一门观察科学奠定基础的群体（尽管这并不是他们的本意）。

巴比伦人对探寻天空中超自然现象意义的痴迷并没能给他们带来很大的发展。不过，经过几个世纪以来对星空的观测，以及对记录结果的种种分析，他们不断地开发出各种数学工具用来模拟恒星的运动，也确实找到了一些周期性的规律。

例如，巴比伦人测算出的两次圆月（也被称为阴历月或朔望月）出现的间隔时间为29.530594天，而最精准的现代历法测算出的时间为29.53089天。同样，他们还算出了一年有365天5小时48分钟45.17秒，这一数据的精确值为365天5小时44分钟12.52秒。如此接近实际值的测算结果表明，巴比伦人有非常准确的日历来衡量时间。

几个世纪以来，对于大量天文数据的管理、分析，也让他们计算出了月食、日食的周期：相当于223个朔望月周期（即18年零11.3天）。最后这个数字尤为重要，因为巴比伦人认为月食（当月亮呈现红色的时候）是大凶的征兆，意味着对王权的威胁。正如神话碑文中第17.2节所叙述的那样："在阿贾鲁月份（4月或5月）时，守夜期间会看到月亮黯然失色，国王将在那时死去。其子嗣会争夺父亲的王位，不过没人能成功。"

因此，当祭司们测算出将会发生月食时，他人会让国王转移到隐蔽的地方，让囚犯或者智障的人代替君主来承受神灵愤怒的惩罚。如果这个代替国王的人在日食后存活了下来，就会被杀掉。祭司们就是通过这种方式说服人们预兆是应验了的。

"您是不是又在挖苦巴比伦人了？"

不好意思，天文学与他们发明出的占星学真是息息相关，很难不提及这些。

4. 巴比伦的星座与生肖

巴比伦人试图建立一个数学模型，以便长期使用它来预测天体运动及未来时间的发展。这项任务复杂而艰巨，虽然我们不能低估他们对太阳、月亮、日食等相关天体现象的研究，但几个世纪以来通过如此庞大的数据，他们都没能成功建立起这个模型。这主要是因为他们从未将探寻宇宙本质与星体运动规律视为重要课题。

他们并不关心地球到底是什么形状的，或者其本身与外界的天体运动有什么关系。这些从未出现在巴比伦人所记录的理论中。据我所知，他们只是关心最表面的东西，那就是外界星体在头顶天空中的运行轨迹。

巴比伦人没有探寻过世界的图景、关心为什么那些天体在夜空中沿特定轨迹运动，也从未思考过是否宇宙在绕着地球或太阳转动。这些是他们在试图将自己的理论对应实际天空变化时屡屡失败的原因。

举一个相应的例子，尽管巴比伦人计算出了日食发生的频率，但大多数时候他们都没能预测成功。这是因为日食会发生在地球的其他角落。当确实出现日食而他们没有观测到时，巴比伦人没有想到是由于地球的形状造成了观测的不全面。

然而，这并不意味着巴比伦人除了粗糙的天文学就没有为这个世界做过其他贡献。您有没有想过：为什么我们都认为一个圆是360°？这就与他们有关。

若是您熟悉星座的话，就能了解到"黄道"的概念。抱歉，我又要提到占星术了。地球上最先进化出的人类已经意识到，天空不仅可以用来预测季节的更替及动植物的变化，而且它有另一个重要作用，即指明方向，就像一个巨大的指南针，因为某些星体可以被视为坐标来进行定位。

当然了，从苍穹的万千星辰中识别出个别有重要意义的恒星，又要将这些信息代代相传，是一个注定要失败的任务。让星空看起来更有条理的方式是划分群组，让这些团体的规模、形状易于辨识和记录。因此，很多星群的轮廓都具有人类或动物的形状。星座的概念也就是在那时诞生的。

如今已经有88个被普遍认可的星座，用于标记各个类型天体的位置并作为参考，范围从恒星、星系到星云。不过，这一数字在历史上并不总是一致的，毕竟每种文化都有自己的背景和神话体系来演绎他们对天空的认识。

巴比伦人在天空中演绎出了71个星座，这在那个时代的一本名为《犁星》的泥板形式著作中有所记述。与占星碑文不同的是，此项泥板著作更具

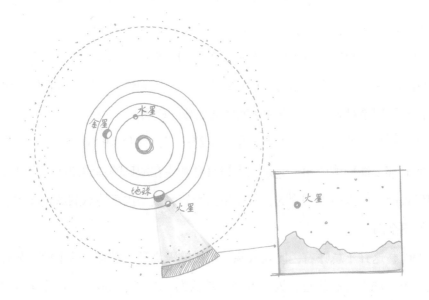

有天文学的意味。在这71个提及的星座中，有12个黄道星座对那时的人们来说似乎尤为重要。

这12个星座就是黄道十二宫的前身，其特殊性在于他们都有一部分穿越黄道。正如前文所说，我们能料想到巴比伦人会很容易地将此联想为"某些神灵"如此安排星座的位置，是有其缘由的。因此在占星时，人们就会将这些星座的形态纳入考量的范围。

另外，巴比伦人使用六十进制系统来进行数学运算，也就是说进位制以60为基础。

"60？为什么？我们每人有十个手指，他们为什么要建立一个以60为基础的进位制呢？"

虽然现在人们已经习惯用每个手指对应一个数字的方式来进行计数，即十进制的进位系统，但一个更加有效的办法就是：用一只手的大拇指来数剩下四根手指的关节。由于另外四根手指各有三个指关节，那么这样可以数到

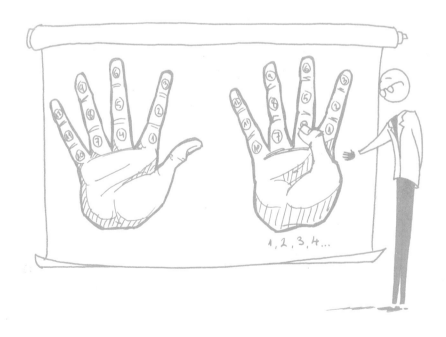

12。

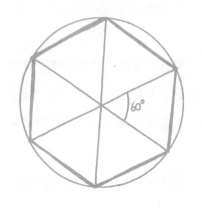

这就是巴比伦人对数字60情有独钟的原因：它能被2、3、4、5、6，以及10、12、15、20和30整除，所以在分数表达法上是十分方便的。事实上，如果我们沿用这个计数方式也很棒。

后来，巴比伦人将等边三角形（三个角具有相同度数的三角形）的每一个角指定为60°。故而，将六个等边三角形的60°角聚集在一起时就有了360°这个数字。通过这个聚集的顶点又可以形成一个圆形，就这样有了圆形为360°的说法。

为了测量天空中较小的角度，他们将度数分为60弧分，又将每弧分分为60弧秒。

话题回到"黄道带"星座上。经过大量的观察记录，巴比伦人发现这些星座有一部分时间隐藏在地平线后，同时绕着固定的北极点旋转，似乎它们被排列在一个完美的360°圆形平面内。

这一设定与12星座的系统非常契合。因为这意味着在理想状态下人们可以把天空中的星体划分为12个部分，相互间隔30°，每一部分恰好对应一个星座。通过这样的形式巴比伦人可以假设每一天的角度变化是1°，每个月就是30天，一年就是完美的360天，毕竟这是众神智慧的结晶。

然而这个概念是完全错误的，因为……怎么说呢，这个看待宇宙的方式是歪曲的。无论这个划分系统看起来多么合适，各个星座的形状都是大小不一的，而且他们并不是有规律地分布在天空之中。这也是支撑占星术学说的依据之一：如果您是白羊座，那就意味着您出生之时白羊座的星群恰好在太阳升起的方向。

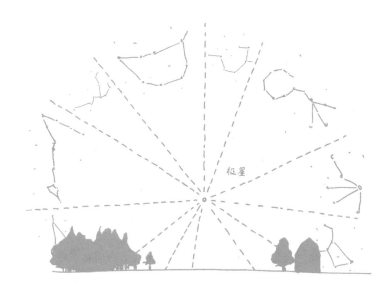

极星

问题在于，巴比伦人假设这12个黄道星座各自显现的周期均等，不过事实并非如此。若是按照星座实际大小来计算，11月23日到29日为天蝎座的周期，而在5月13日到6月21日之间出生的人都会是金牛座。为了使得占星系统更有秩序，在11月29日到12月17日出生的人则被归入蛇夫座。与此同时，也应考虑到地球进动与黄道交叉的因素。

而且，还有另外一个问题。

5. 丈量时间

巴比伦人已经计算出太阳需要365天才能再次出现在地球上空相同的某一位置。他们认识到，如果一年有360天，那么日历会很快失效。如果只是想计划种植某种作物或预测季节变化，那每年五天的误差并不会有太大影响；不过，如果要预测下一次月食何时将威胁到国王的性命，则需要更精准的历法了。

巴比伦人需要一个解决方案，来弥补宗教日历与实际年份相差的天数。

基于天文数据，他们很快意识到235个阴历月大概相当于19个太阳年，其误差只有两个小时。于是，考虑到他们所信奉的众神的因素，巴比伦人采用了十分简单的解决方案：将一年分为多个由29天与30天组成的月份，并在往后的19年中，增加了7个新月以弥补时间差。

人们最初发现宗教日历与实际时间有误差时，国王下令在某一年增加一个新月。但是，在公元前539年，波斯人占领巴比伦王国后，这项工作交由祭祀大臣处理：对每个加入的新月的日期进行规范，以确保历法的平衡。

"顺便问一下，之前您曾经提到要记录天体的运行轨迹，需要在每天同一时间、同一地点拍摄天空的图片，而后对其进行比较。若是有某些变故发生，人们在那时也没有手表来精准计算时间，他们是怎么做到累积这些数据的呢？"

非常好，您思考得很仔细，正如我开头所讲的，古埃及文明不仅与巴比伦文明同时存在，它甚至早了几千年出现。因此，巴比伦人采用了古埃及人的技术来记录这些信息并不稀奇。

比如，古埃及人发明了日晷，并将其划分成12个部分。这个轨迹是根据阴影的变化轨迹刻画而成。

那为什么日晷被划分为十二个部分呢？前面我解释过，巴比伦人在计数的时候并不按照十根手指为基数，而是用一只手除大拇指外的12根指骨来计数。而后他们适应了十二进制的方法，就把夜晚也分成了十二个部分，不过这个方式有点过于复杂了。

正如我们之前所讲的那样，一年中每一时节的昼夜时间都是在变化的。因此各个时节白昼和黑夜的持续时间都有所不同。按照上述划分时间的方式，夏天白昼的一小时可能有75分钟，而夜晚则只有45分钟；冬天白昼一小时有55分钟，夜晚的一小时会持续70分钟。只有在春秋季节的昼夜平分点时，那一天昼夜时间相等，一小时有60分钟。

除此之外，若是巴比伦人想按时在夜间外出观察天象，就出现了另一个问题：日晷在太阳落山后就完全失去作用了。

在古埃及，为了能够在太阳下山以后继续测量时间的流逝，他们发明了许多新方法，其中之一就是麦开特（又名穴鸟隼）。这种装置由一根长杆构成，上面系挂一根绳子。绳子的末端坠有铅块儿，因此绳子一直是垂直于地面的。

在使用时将装置对准北极点（要记住，在古埃及时代由于地球进动，人们使装置对准的点并非现在的北极星），也就是所有周围恒星绕其公转的点。

"所有周围恒星绕这一点做公转？是什么意思？"

地球绕地轴以一定倾斜角度自转时，在空间中两极各指向不同的方向。

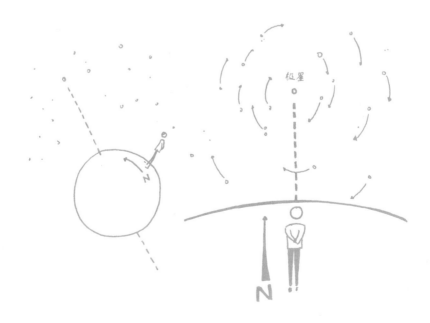

我们也在地表上绕此轴旋转，以人类的视角观察，其他的恒星就在绕北极点公转。

因此，就像车轮中心轴并不会随着车轮运动而改变位置一样，地轴所指的方向也不会发生变化。当有星体远离轴线，甚至移动到地平线以下时，只不过是在绕轴做半径更大的公转运动。在北半球地轴指向的点就是北极星所在的位置，而在南极点的方向上则没有分布任何星体。

关键在于，有些星体的位置离北极点很近，以至于永远不会落到地平线以下，于是它们的方位可在一整年之中为人们提供参考。计时装置麦开特就是利用了这一点。将麦开特对准北极点，观察夜空中的某些星体，在其跨越装置的绳索时做出记录。古埃及人就是通过观察特定星体是否跨越装置的绳索来测量夜晚时间的。

另一个不依赖观测行星运动的计时方式被称为水钟或沙漏。虽然这个装置由简单的陶罐和一个可以让水流通过的孔构成，远不如玻璃水晶沙漏那样神秘而迷人，不过这个装置一经"校准"，对于在夜晚计时来讲就相当有效了。

为了测量出夏至那天夜晚的长度，需要在夜钟的容器内加入2玛纳（在那时，1玛纳相当于497.7克）水。往后的每半个月向容器内添加六分之一玛纳的水量。在昼夜平分点到来那天夜晚，夜钟将持续流失3玛纳水。而冬至日是一年之中夜晚最长的一天，夜间会流失4玛纳水。

借用这些较为基础的计时方式，巴比伦人进行了大量观测。虽然记录并不精准，但为后来的天文学家们提供了不少分析材料，以此来推测那时昼夜如何变化。巴比伦人的生活就这样持续了一段时间后，古希腊人来了。

第四章

探寻我们在
宇宙中的方位：
古希腊文明

053

当巴比伦王国与古埃及王国日渐式微之时，一个堪称改变了整个古代世界走向的人出生了，他就是泰勒斯·德·米利都。

泰勒斯出生在古希腊繁华的港口城市米利都（现在属于土耳其的一部分），他是古希腊七贤之一。这七贤均出生在公元前620年到公元前550年之间，其中包括领导者、立法者、顾问及作家等。

1. 泰勒斯：世界上第一位科学家

泰勒斯似乎并非有意将他的思想记录下来并留给后人，因此我们现今了解到的有关他的事迹、文化遗产，以及其独特的看待世界的方式，皆源于后世的哲学家与他的学生的转述。

甚至有些时候，这些材料会有自相矛盾的地方，毕竟那些谈论他的学说的人都是其去世几个世纪以后出生的。比如，生活在公元前428年—公元前348年的柏拉图和公元前384年—公元前322年间的亚里士多德就曾经写过关于泰勒斯的文章。但并没有证据表明，他们真的阅读过泰勒斯本人撰写的任何一种文本。因此，柏拉图和亚里士多德的文献只是基于口耳相传所得到的信息。如果您曾经玩过"悄悄话"这个游戏，就知道会有多大的偏差了。

虽然每个思想家对泰勒斯的学说都有自己的看法和解读，但几乎所有人都同意他是世界上第一个提出以下思考角度的思想家：为了真正了解这个世界的运行规律，人们应该放弃对神灵及超自然元素的关注，将注意力放到观察真实的大自然之中。

单纯通过分析自然现象之间的关系，人们即可找到管控外部世界的一些基本原则。这种革命性的方法使泰勒斯成为历史上第一位科学家。在那个时代，科学被称为"自然哲学"。也可以说，他是被亚里士多德提名为"自然哲学"创始人。

之所以泰勒斯不会用神灵来解释世间万物，可能是因为他生活在商业港口。毕竟那个环境里充斥着商人，他们往往将自己的成就归功于自身的努力而非神力，要知道在那时海上航行会持续数周且远没有如今这样安全。

泰勒斯似乎对所有的知识领域都感兴趣，从历史、地理到工程设计、数学，等等。在他的众多理论中丝毫没有提及神灵的作用，而是试图为各种各样的现象提供解释。尽管这些论证不受超自然学说的影响，但也能看出并不完全客观，而是受到他自身世界观的左右。我们举一些例子。

想象泰勒斯在海边度过整整一天，大部分时间很可能用来观察港口进进出出的木制船只。在花了这么多时间观察水与船体的运动之后，他的脑海中势必会有一个开关被无意中触碰，他想到了这些船只莫名其妙地漂浮在水面之上。于是，在他的心中，水成为取代神灵的世界法则和一切秩序的来源。根据他的学说，万物皆源于水，物质循环变化为水的这一倾向维持了整个世界的运转。

至少从他的角度来看，他是有证据证明这一点的。

我们要先明确的一个事实是，植物时刻都在释放着水分。如果不信的话，您可以在炎热的天气里在灌木丛或树枝上套一个塑料袋，过一会儿袋子的内表面就会形成一小滴冷凝水。如果有一天您在森林里迷路了没有水喝，可以试试我教给您的生存小技巧。不用谢。

而且，动物和人都在不停歇地饮用水，同时散发着水分。人甚至会将水分从皮肤中散发出来，这在动物界并不常见。没关系，不必谢我。

泰勒斯认为，各类生物体内不断摄入和耗散的水分正是水试图恢复其本源的标志。而金属在熔化时转化成液体也印证了这个原理（至少在泰勒斯眼里是这样的）。

米利都的地理位置对于泰勒斯思想理论的发展至关重要，也促使这位自然哲学家提出水甚至能够转化为土地进行生产的理论。因为在离家不远处，泰勒斯就发现了实证。

如今的米利都距离海岸线大约有10千米，但情况在最初并非如此。那时的米利都位于拉德湾的入口处，在米安得尔河（这个叫法我应该没弄错）的一侧。随着岁月流逝，河流中携带的大量沉积物逐渐覆盖了港湾。

在泰勒斯时代，米利都一直是一个繁华的口岸城市，镇子的中心也没有那些废弃的港口装备，在口岸的附近还有一个名为拉德的岛屿。

泰勒斯发现这个岛屿的面积在随着时间的推移而增长，但是他并不知道这是由于周围的水流将海湾另一侧的淤泥带到这一边形成堆积的结果。于是泰勒斯得出结论：岛屿周围的水流在逐渐转化为土地，使其面积逐渐增加。

泰勒斯偏执地认为水是一切问题的答案，这让他确信：地球是平的，像一段木头一样漂浮在汪洋大海之上。这大概是因为他观察到船舶在航行过程中所承载的货物，如果将其单独丢入水中一定会急速下沉。于是泰勒斯提出，地球作为一个整体，具有"浮力"这一特性。

以上所有的信息均来自其他作者的转述，其中之一就是亚里士多德。不过这一理论似乎并没有说服他，其著作《论天》中有这样一段表述：

空气轻于水，水轻于土。您怎能认为更轻的物体在支撑着最重的土地呢？如果地球能够作为一个整体漂浮在水面上，那么任何一块泥土也都可以。然而事实并非如此，任何一块泥都会直接沉入水中，体积越大，下沉的速度越快。

而后，亚里士多德还补充说，人们倾向于否定他人的观点以捍卫自己的想法，这也阻止其看到自身观点的荒谬。这个理论至今依然被不断证实。

不过好吧，泰勒斯之所以坚持一些毫无逻辑的东西，也许是因为这种想法虽然难以理解，但有其革命性的因素，就像他的其他成就一样。

2. 首个数学定理

由于在埃及学习过一段时间，在观察古埃及人运用几何学调节建筑构造（由于尼罗河的洪水经常冲垮房屋，古埃及人在这方面的技术很完善）后，泰勒斯运用所掌握的知识制定了第一个数学定理。在那之前，数学仅用于计算长度、角度或钱币的加减，而泰勒斯的公式将数学运用到了一个抽象的领域，用其演示如下理论：

在一个三角形中绘制出一条平行于任意一边的线，就会得到一个相似三角形。

下图解释得更加清楚一些：

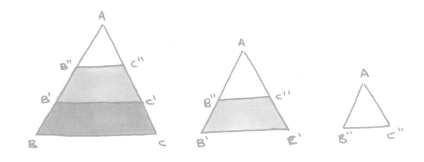

这个由泰勒斯发现的数学定理已经超出了先验理论，泰勒斯也因此成为历史上第一位数学家。此外，这一公式还帮助他计算出了吉萨大金字塔的高度（当时建造这个金字塔就耗时将近1900年，大家别忘了时间尺度），只需要一根钉在地上的棍子，以及两个物体投射出的阴影。

3. 预测及发现星体

毫无疑问，泰勒斯对天文学的贡献是巨大的。一方面，他推测出的将在公元前585年5月25日发生的日食现象帮助两个国家终结了一场长达五年的战争。泰勒斯曾警告国王，如果不停止流血牺牲，那么神灵将发怒并夺走光明。吕底亚人与米提亚人交战之时，日食如期而至。最终由于这个不祥的预兆，两国签署停战协议。

泰勒斯在那时到底是如何计算出日食的时间的呢？这个我们不得而知，不过有证据表明，他确实有渠道获得巴比伦人关于沙罗周期的研究，并由此发展出了他自己的推算方式。他最终得出的结论可能是：在月食发生的23.5个月后，有超过一半的概率会发生日食。

另一方面，有一些信息可以佐证是泰勒斯"发现"了小熊座。这位哲学家或许发现有一组体量比大熊座要小的恒星，也在夜晚围绕天体极地做圆周运动，只是没有那么明显罢了。缘此，小熊座在后来更加容易被定位。

归根结底，泰勒斯是世界上第一个提出不同思考方式的人：不通过超自然的生物来解释世界运行规律，人类对大自然的理解也不限于神灵和他们任性的意志。在那个时代，虽然泰勒斯的想法并不完全正确，也不太合乎逻辑，但这一思考方式启发了后来的思想家们，他们通过观察周围环境及现象来摸索世界运行的法则。

于是，在某种程度上，如果加上一些抽象思维，人们找到那些在今天对大家已经司空见惯的自然规律（如云朵形成、水总是往低处流）就变得容易了一些。

但是，当泰勒斯之后的思想家们抬头仰望、观察那些星体时，这些自然规律并非那么显而易见。有少数几位科学家试图去解释为什么那些星星一直悬挂于空中，不会掉到地上，以及其他看似奇怪的运行轨迹。在缺乏现代观测仪器的情况下，他们就只能单纯依靠想象力了。

4. 最为出众的门徒：阿那克西曼德

历史上首个试图使用机械模型来解释天空中的各类运动和它们与地球关系的人，是泰勒斯的弟子阿那克西曼德。

阿那克西曼德并没有像他的恩师一样痴迷于通过水这一物质解释一切现象。其理论与地球漂浮在海洋上这一假设相去甚远，他坚持认为地球是一个厚度为其直径三分之一的圆柱，并不受任何支撑地悬浮在无限的空间中。

不少人将阿那克西德曼的这一推理视为宇宙论革命与科学思想的开端。他不单单是在观察的基础上提出这一假设，更运用了抽象逻辑来分析种种现象背后的缘由。若是认为地球被某种物质所依托，那么该物质又是如何保持其自身的平衡的呢？以此类推，总是会出现新的问题。通过这一抽象的思考，可以推断出：地球可以在一个空间中通过某种方式保持自身的平衡，并不会坠落。

按照这一推论，阿那克西德曼也解释了为何除了太阳和月亮的运行以外，其他在夜空中移动的星体也不会坠落。他假设在如圆柱体一般的地球外侧绕其一周存在着其他类似轮子的圆圈（或者说是呼啦圈，更为形象一些）。

由于在外侧形成的圆圈上每一个点距地长度都相同，那么根据阿那克西德曼的说法，这些星体也通过与地球相同的方式保持自身的平衡，就像固定在天空中，不会坠落。

这些围绕在地球周围的圆环中燃烧着火焰，上面有小孔。而夜空中的行星正是由于小孔中喷射出的火光而产生。这一圆环系统也解释了为什么所有星体围绕其旋转的北极星，并不是每个人抬起头都能看到。如第062页图所示：

太阳和月亮则处于大一些的圆环中，并且这两个圆环在一年之中相对于地球的位置也在不断变化。这一假设解释了为什么太阳和月亮在全年之中运行轨道的高度会在天空中发生变化。

更为具体的描述是，产生月亮的圆环上，喷发火光的圆孔更大，而且可以改变形状。尽管这个推测并不能解释什么，但阿那克西曼德还是执意这样认为。

虽然阿那克西曼德的假设与实际情况相去甚远，但是他提出的这一革命性的天体运行系统启发了毕达哥拉斯学派的学者们，从而发展了属于他们的宇宙观。为什么我说的是"毕达哥拉斯学派"而非"毕达哥拉斯"呢？是因为"毕达哥拉斯"也指毕达哥拉斯教派这一社会组织。

5. 毕达哥拉斯的神秘组织

意大利国土形状类似一只靴子，克罗托内是一个位于靴子靠下、前脚部

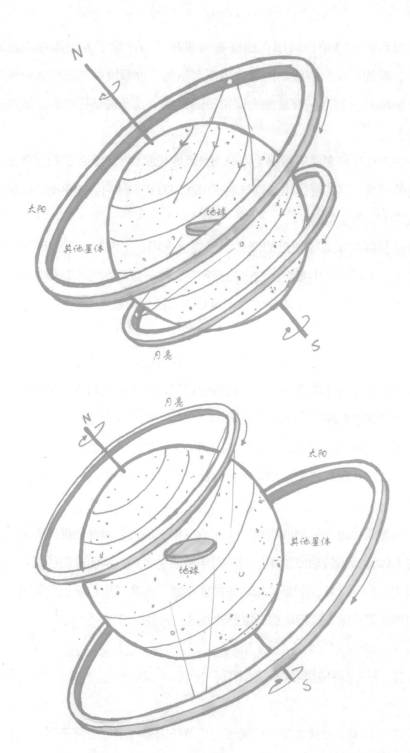

分的城镇。毕达哥拉斯就是在这里建立了属于他自己的学校。虽然名为"学校"，但实际上是他传播自己教诲的场所。他们认为数字是一切事物的本源，也是理解自然万象的关键。若不是毕达哥拉斯赋予该理论太多的神秘主义因素，他的这一说法实际上是相当正确的。

如今，我们无法考证他是如何得出这一结论的。就像我们之前提到的一些哲人，我们对毕达哥拉斯的了解亦来自其他思想家所著的书籍。这些文献的内容中有一个共同点，那就是毕达哥拉斯云游四海，也会在途中进行大量的学习。他也和泰勒斯一样曾经在埃及接受数学和几何的教育。不过在毕达哥拉斯的象征主义思想中并没有让人发现来自埃及的影响因素。

6. 源于一个数字的罪行

且不论宗教内部那些奇特的规定，毕达哥拉斯还是非常重视数学的。其程度之深足以让他处死一个门徒，只因其与自己想法不同。我知道下面的这个故事与天文学并没有什么关系，可是毕达哥拉斯实在是个有趣的人。您可以从下面的内容中自己做出判断。

数字在今天对我们来讲，是用于描述某单位内一种抽象连续性的术语。如，什么是"3"？这是一个比"2"大一些的数字。这个逻辑关系适用于任何数字。

然而，毕达哥拉斯并不这样看待数字。他认为重要的是数字之间的关系，如3和2的关系与6和4的关系相同。因为这两组数字做除法的结果都是1.5。

神秘的宗教资料

由于毕达哥拉斯将自己的学校视为一个神秘的社会组织，我们很难找到关于其本人和教众们的实证性材料。杨布里科斯是一位生活在距离毕达哥拉斯750年后的古希腊思想家，他复原了一些当时宗教内部口授笔传的规定，比如，毕达哥拉斯教派的信徒们必须：

放弃使用动物皮毛作为蔽体的衣物；

在用餐时举行神灵献祭仪式（祭品包括葡萄酒和蜂蜜等）；

禁止焚化死者的尸体；

不得烧烤或水煮食物；

在庆典期间不能剪指甲或剪头发；（尽管随着时间推移节日中的习俗多发生了很大变化，可是这一点大家还是会受到毕达哥拉斯教派的影响。）

不得以众神的名义宣誓；

用金子或盐水来清洗献祭仪式中被动溢出的血液。

不知道您有没有尝试过用对折的纸张来清理溢出的液体，这的确让人无从下手。我真的无法想象那些门徒如何使用黄金这样根本不吸水的材料来清理血液，这简直是个灾难。

需要注意的是，如今普遍使用的数字直到12世纪才由阿拉伯人发明出来。虽然我们可能没有意识到，不过这一发明确实大大促进了整个人类社会的发展。而且，在古希腊时代，人们还没有接触过"零"这一概念。

在毕达哥拉斯那个时代，想要尝试使用希腊字母像如今一样去研究数学问题是不可能的，于是他们设计出"几何"这种更加直观的方式来研究数学。

如果您对学生时代的课程还有一些模模糊糊的印象，那您应该会记得勾股定理，即在一个直角三角形中，斜边的平方等于其他两边的平方的和。如下图，也可以表达为：$a^2 + b^2 = c^2$。

如果想计算三角形斜边的长度，只需要分别计算出另外两条边的平方然后相加再开方即可。而计算平方数对于我们仅仅意味着同一个数字相乘。然而，对那个时代的人来说，他们需要构建一个以三角

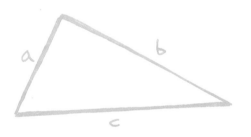

形一边的长度为边长的正方形，然后去计算其内部的小单位数量。

勾股定理（事实上，并无法考证是毕达哥拉斯本人的理论还是其门徒的研究成果）是一个几何等价定理，即可以被理解为如果用直角三角形的三个边分别组成三个正方形，那么两个较小的正方形面积之和等于大正方形的面积。

① 阿拉伯数字，最初由古印度人发明，后由阿拉伯人传入欧洲，之后由欧洲人将其现代化。只是，人们以为这些数字是由阿拉伯人发明的，所以称其为"阿拉伯数字"。

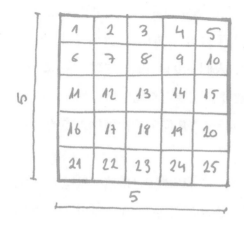

$$5 \times 5 = 25$$

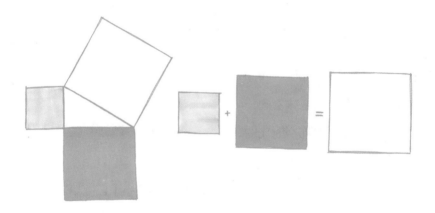

　　这个定理在部分问题的解决上十分有效，然而也给毕达哥拉斯带来了其他的烦恼。

　　对于较短的两边长度不同的直角三角形来说，应用这个定理是没有问题的。不过若是该直角三角形相交于直角的两边长度相同时就会有一些复杂。尤其是当两边的长度为"1"时，对角线的长度又该如何计算呢？毕达哥拉斯的门徒西帕索斯计算出$1^2+1^2=C^2$，那么$C=\sqrt{2}$。那时的人们还不懂得，2的平方根是一个无理数，这意味着它的数值是一个无限连续且不会重复的小数：1.41421356……

回归正题，毕达哥拉斯并不喜欢十进制数字，他知道可以用整数之间做除法（分数）来表示。

比如，1.5可以表示为3除以2，0.1823相当于1.823除以10。

毕达哥拉斯一定这样想："虽然$\sqrt{2}$不是整数，但是世界的法则如此，一定存在两个整数，其分数关系可以表达$\sqrt{2}$。"

然而，西帕索斯从数学的角度上（不对，那时应该说是从几何学的角度上）证明了并没有任何两个数字的分数关系可以表达2的平方根。震怒过后，毕达哥拉斯采取了一个完全违背科学的方式来处理这一状况：处死那个持有相反意见的人。就这样，他用最为激烈的方式给这个问题画了上句号。

神秘的宗教资料

毕达哥拉斯与一众门徒都非常重视身体和精神的营养摄取。关于他们的饮食结构，可以阅读古代哲人撰写的文献。有人说毕达哥拉斯是绝对的素食主义者，因为他相信轮回，吃肉则与谋杀无异。而亚里士多德认为宗教的规定只是限制食用动物的某些部位，如心脏或胎盘。（动物的胎盘很美味么？）

不过，几乎所有人都认为毕达哥拉斯对豆子有着一种常人不太理解的恐惧。他的教会学校不允许食用豆子，甚至也不可以从播种了豆子的土地上经过。

没人知道，为什么毕达哥拉斯会有这种抗拒豆子的怪癖，而亚里士多德在谈论毕达哥拉斯教派时，曾经解释过一些可能的成因：

● 他们之所以认为豆子具有毁灭性，可能是因为食用豆子后胃胀气的声音和味道会扰乱精神的平和。

● 豆荚的形状类似生殖器，而且在豆子被咀嚼过后或在阳光下放置一段时间后，味道非常难闻。也有的说法是，它酷似没有铰链的地狱之门，又像皇冠上的宝石，吃豆子就如同在啃食父亲的头骨。这最后一个理由无法通过任何审慎的逻辑来解释，可能是来自毕达哥拉斯教派奇异的想法。

就这样，由于毕达哥拉斯对豆类的恐惧，甚至有传闻称，在敌军入侵克罗托内时，他由于在逃亡途中拒绝穿过一片种植豆类的农田而惨遭杀害。

现在，我对毕达哥拉斯这个人已经有点好感了，下面我们继续聊聊天文学。

7. 太阳、月亮、地球，以及……反地球

菲洛劳斯（在这部分内容结束后，我一定会想念这些古希腊人名的）被认为是毕达哥拉斯学派中最为杰出的人物，有可能是他发展了旨在尝试解释宇宙本质的毕达哥拉斯模型。这里我说"有可能是他"，其原因可能与实际情况有出入。那些研究两千多年前文献材料的人也意识到，这些信息似乎并没有那么容易研读。

相较于先前的理论，在菲洛劳斯提出的宇宙学系统中增加了一个抽象的元素：他并不认为太阳和月亮在绕地球做公转，而是认为太阳、月亮、地球、反地球在一同围绕中心点的火焰做公转。

"反地球……"

是的，一颗反地球。

"这颗反地球来自哪里？难道是古希腊人看到的某个由于一些原因已经消失了的星球么？"

不，不是的。这完全是一个杜撰出来的概念，以试图解释人们观察到的行星在全年以不同速率在天空中运动。而且，这也解释了为什么人们看不到星体中心的火焰。

"这个火焰是指太阳么？"

不是，是完全不同的概念。

"我不太能理解他的想法。"

好的，我现在解释一下。这个系统是这样的：

虽然菲洛劳斯提出的宇宙学系统臆想的成分很大，这个理论却是一个伟

大的创新。

如果说地球是宇宙的中心，所有的行星围绕它做匀速圆周运动，那么从地球上看，它们将以恒定的速度在天空中移动。然而，如果您在现实生活中花几个月的时间去观察天空中星体的移动轨迹，就会发现行星全年的速度各不相同，所以地球是宇宙中心的理论是不正确的。

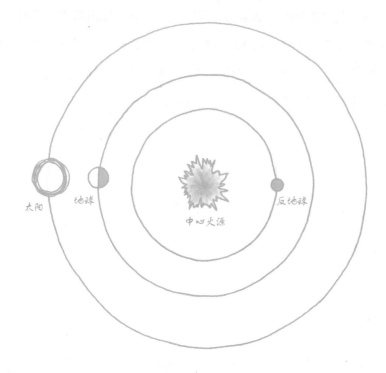

然而，菲洛劳斯得出的结论是：即使太阳系中所有的星体都围绕着中心火源做匀速圆周运动，我们在地球上观察到的各个天体的移动速度在一年之中也是在不断变化的。因为每一颗行星各自的运动速度都不同，有的比地球快，有的比地球慢。这样一来，人们能够通过黄道观察到的星体相对于地球轨道的运行速度都是或快或慢的。

虽然这个假设并不符合事实，但这是一个很严谨的思考结果。因为一切都建立在观察的基础之上。

"不过，如何解释他对中心火源的假设呢？"

菲洛劳斯可能只是简单地认为一切星体都是围绕着一个中心点在旋转的，而且各自离原点的半径不变。他本可以随便假设任何一个肉眼无法完全观测到的实体，然而他最后决定假设太阳系的中心位置有一个火源。

也许他曾经想选择一个能够发出光亮、容易被识别出的物体，当然，从来没人观测到它。因为菲洛劳斯假设地球是不进行自转的，这就意味着在一年中总会有一段时间，人们抬起头就能看到这个位于中心的火源。

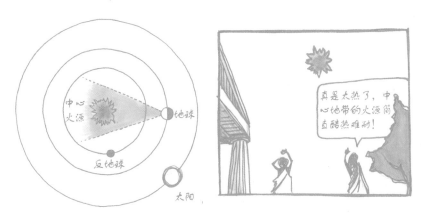

于是，他发明了"反地球"的概念。"反地球"与地球同时围绕中心火源做匀速圆周运动，遮挡了人们在地球上的视线。

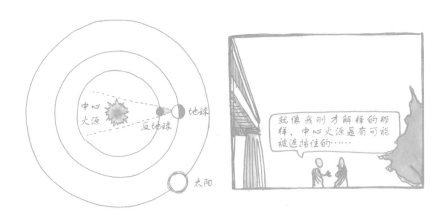

也有其他的说法表明，"反地球"的概念并不是用于解释中心火源被遮挡的。因为菲洛劳斯认为地球是平的，人们居住的那一面本来就是观测不到中心点的。"反地球"只是被用来解释日食和月食的。后来又有人说，"反地球"位于地球轨道的相反一侧，也绕中心点做匀速圆周运动，只是用于给地球配重。古希腊人认为天体是由永恒且无密度的物质构成的。不过，我们的世界是由水、泥土等非常沉重的物质构成的，这样就需要"反地球"在轨道的另一侧平衡地球的质量以维持宇宙的平衡。

无论如何，毕达哥拉斯教派的人们用"反地球"的概念为宇宙增添了一个理解维度：在中心火源周围运行着十个天体（月亮、太阳、当时已知的五颗行星、地球、反地球，以及天空）。对他们来讲，数字10代表着完美。如下图所示，如果最下面一排有四个点，以此类推最上面一排有一个点，把所有点相连接后就是毕达哥拉斯教派中崇尚的圣十结构[1]。

总的来说，这个图像包含了十个原点，这对于毕达哥拉斯教派的信徒们有着特殊的形而上学的意义。"十"这个数字被他们视为完美的化身，也可以说是毕达哥拉斯式抽象的幻觉。

尽管菲洛劳斯提出的"并非宇宙中一切星体都围绕地球旋转"的观点有着革命性的意义，但也并未给后世的思想家们带来什么影响。

圣十结构

---

[1] 圣十结构，毕达哥拉斯学派神秘主义标志。——译者注

8. 柏拉图，拥有智慧的人

毕达哥拉斯的学说在历史进程中有着很深远的影响：他的理论为柏拉图——一位在两千多年里都被视为智慧化身、提出他人无法企及之思想的哲人提供了灵感。事实上，相较于自然哲学，柏拉图对人类道德领域有着更为浓厚的兴趣。不过，因为其所处时代的影响，他没能够在天文学方面有所成就。

柏拉图从毕达哥拉斯的思想中汲取了在当时几乎领先于全世界的几何学知识，并且领悟到如何在其中进行抽象式的思考。他认为球体的形式是完美的，天空的本质就是遵循这一自然法则。柏拉图所有其他的假设都基于这个不可动摇的基础性原则。

为了解释夜间行星在天空中的运动，他假设了一颗巨大、透明、由永恒存在的物质组成的巨大球体。夜空中的天体就镶嵌在这颗球体中，随之做自转运动，一天旋转一周。当然，这是基于柏拉图对于地球是宇宙中心的认识。

这个模型并不能解释太阳和月亮的运动，若是这两个星体也存在于柏拉图假设的透明圆球中，那么每一天都应该是昼夜平分的。然而，实际情况并非如此：春分与夏至相隔95天，96天后是秋分，再过88天到冬至，之后经过86天回到春分。稍后我们会讲到，这是由于地球绕太阳公转的轨道呈椭圆形的缘故。

此外，按照柏拉图的模型，所有的行星都绕地球做匀速圆周运动，那么就无法解释一年中夜空中星体的运行速度和方向为什么都会发生改变。

柏拉图依然坚信所有天体都在他心爱的透明圆体中绕地球做公转，所以他只能做出另外的假设来解释上述问题。他在理论上已经存在的系统中加入了在轨道内部行星本轮运动的假设，使得天体在其模型中的轨迹与实际情况相似。

　　这些假设的提出虽然显得有些牵强，但并不是完全没有意义。事实上，这个假设相比于毕达哥拉斯的理论而言，与实际情况相差得更远。然而，柏拉图所提出的天体运行系统在解释一些天文现象的时候会更加奏效。再加上柏拉图在学术界的声望，这些理论几乎使得天文学的发展延缓了几个世纪。因为人们都认为柏拉图提出的思想一定是正确的，甚至在后来的一段时间内并没有其他学者敢于提出反对意见。

　　柏拉图还认为这些围绕地球公转的星体是有生命、有灵魂的。因为按照他的理论，这些行星不可能自发进行如此规律的运动。我认为他有这样的想法并不奇怪：从地球表面望向外太空，所有的自然现象在人们眼中是一片混沌。只有零星的、十分明显的天文运动才能让人类观察到，并引发片面的思考。

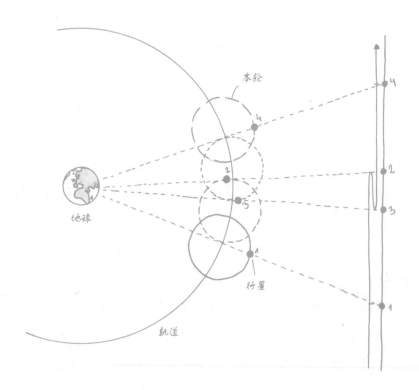

柏拉图认为，行星在通过运行轨迹描绘一个圆形，那是表示它对某个事件的赞许和认可。毕竟，呃，就连太空中的星体也知道圆圈的含义。

"行星"这个词来自希腊语asters planetai，意为流浪的星星。这是因为古希腊人想指出这些星体与天空中其他星星的运动方式都不相同。

不过，由于当时柏拉图在学术界还有其他任务，他便将未完成的工作交给了学生们。事实上，正是这些学生后续完善了柏拉图关于天体运动的理论。试想一下，如果我们是他的学生，又会如何面对这一挑战呢？

一位叫作欧多克索斯的门徒构建了包含27个同心球的模型，用于解释各个天体的运行规律。所有的恒星都位于其中一个球面上，太阳和月亮各受三个同心球的叠加影响而产生实际的运行轨迹，还有五颗行星各自位于一个同心球的球面上。这一模型十分复杂，但也最为清晰地解释了各个星体的运行情况。当然，通过这一理论预测出的天文现象依然存在错误。

9. 亚里士多德的同心球

另外一个柏拉图的门生将欧多克索斯的模型进行了完善，使得该理论更加符合实际观测到的现象。也许您曾经听说过他的名字：亚里士多德。

和柏拉图一样，亚里士多德也是一个伟大的思想家，但是除了对欧多克索斯模型进行改良以外，他在天文学领域并没有更大的建树。他在已有的27个同心球体系中又加入了28个同心球，使得整个模型由55个同心球构成。这个天文学模型相较前期的假设更为精确，但是也不能准确无误地预测出行星的运行轨迹，也就是说，这并非一个没有破绽的模型。

事实上，柏拉图最初构建的天体运行系统并不算坏，虽然它与实际情况相去甚远，但这是人们首次对星体的运行轨迹做出某种推测。因此，当时人们认同这种宇宙观也是正常的。

　　不过亚里士多德改进后的模型与毕达哥拉斯的理论都错在了同一个地方：假设星体的运行轨迹是一个完美的圆形。实际上，各个星体都是围绕着一个椭圆形的轨道在做圆周运动的。（别担心，这个我们会在后面讲到。）因此，总是需要给这个现有模型增添许多"补丁"，来解释某些不符合推算的变化。这些理论的累积在公元150年达到了顶峰，代表人物是一位叫作托勒密的天文学家。因为这期间已经过了400多年。我们就先来谈谈这期间发生的一些趣事。

10. 没人相信，地球绕太阳公转

　　阿里斯塔克·德·萨摩斯是历史上第一个提出日心说的人。他构建出的模型与毕达哥拉斯的天文学模型类似，不过是将中心的火源直接换成了太阳，就像您所想的，亲爱的读者们，阿里斯塔克认为这样更加合理。

他所构建的系统中还包括了月亮绕地球公转的内容，这是一个能够推断出的现象。就像阿那克西德曼早就假设的那样：月球本身并不发光，而是依靠太阳反射的光线发亮。这也解释了为什么月球被照亮的部分总是朝向地球。

根据以上的理论，就不难推测出当月球处于太阳与地球正中间的位置时就会发生日食；而当月球处于地球的阴影处时，就会发生月食（就像您在下图看到的那样）。

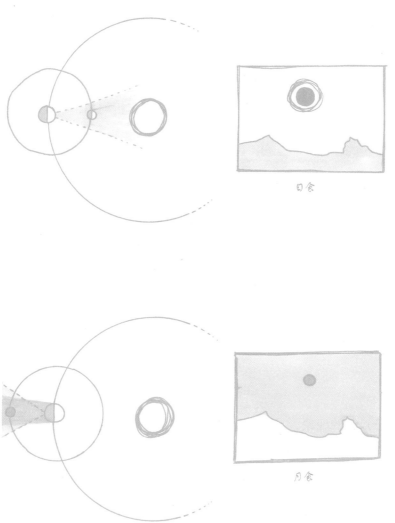

日食

月食

"发生月食的时候，月亮可是红色的。如果按照您讲的那样，月亮应该完全消失才对呀。您不会是在乱解释吧？"

就像我一直强调的那样，对于您这些出于好奇的提问，我会在后文给出答案。

按时间顺序，当讲述来到19世纪时，我会详细地介绍关于光的知识，我现在就简单解释一下。

由太阳到达地球的光线（并非黄色）是由电磁波谱中所有的颜色构成的，当一束光穿过雨雾形成彩虹时，我们就可以看到被分解后的光的色彩。

但是，您有没有想过，为什么彩虹中所呈现出的光的每种颜色都秩序井然，而不是像穿过雨雾前那样堆叠在一起呢？这是因为每一种颜色的光在水中被折射成不同的角度：光波越长（偏红色），其折射角越小；而光波越短（偏蓝色），折射角越大。

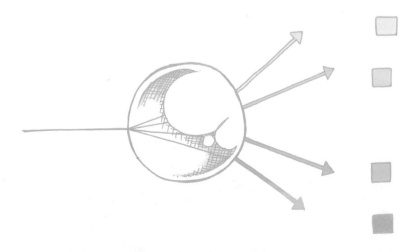

至于月食的现象，月亮之所以在我们眼中是红色的，是因为反射了地球被太阳照射的光芒：太阳光穿过地球的大气层时基本上全部被折射并分散了，而折射自地球大气层的红色的光波则向其自身阴影处投射。当月亮经过地球的阴影处时就被红光照亮，人们眼中看到的月亮反射回来的光自然也是

红色的。

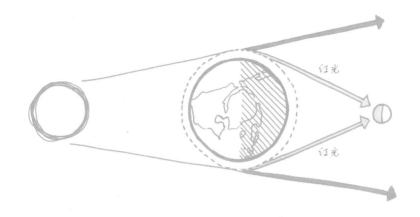

虽然阿里斯塔克并不知道在月食期间月亮呈现的红色是由于光的折射，但是他的理论是正确的，而且相较阿里斯塔克的其他理论而言，"日心说"这个理论更加客观。

他还提出，其余的星体就像更加遥远的太阳，与"地日"系统中的太阳完全相同。这些星体并不围绕地球做公转运动，而是在地球自转的同时保持静止，这样让人们产生了一种其余行星在围绕地球运动的错觉。

他补充道："夜空中的星体没有改变过它们的位置，因为它们距离地球非常遥远，人类肉眼是无法观测到其运行轨迹的。"

遗憾的是，在那时并没有先进的物理学理论或新的科学仪器能够佐证阿里斯塔克的理论，毕竟这些仪器还需要上千年才被发明出来。

没有了证据支持，阿里斯塔克的理论并不被世人接受，而且他提出的想法也违背了那时人们的普遍共识。柏拉图——这个被认为提出了伟大而毋庸置疑的理论的学者，认为地球始终安然地处于宇宙中心的位置。不过，真正令阿里斯塔克感到厌恶的是，同时期的一位当代作家克里安西斯·德·阿索斯撰写了一篇名为《反对阿里斯塔克》的文章，指责他的不敬并声称：

希腊人有责任去审判阿里斯塔克·德·萨摩斯，他对宇宙不敬，其理论试图改变宇宙原本的定位。他假设天空静止不动，而地球沿着一个倾斜的圆球围绕其做公转，同时保持自转。

目前还不清楚这次审判是否真的发生过，然而古希腊最具智慧的陪审团的愤怒也并没能使得太阳成为地球的卫星。不过，一大批拥护柏拉图天文学理论思想的人还是表达了自己的观点，这在同时期哲人德尔库利达斯的文章中有所体现：

我们需要强调的是：地球是众神的家园，正如柏拉图所说的那样，环抱着地球的行星与天空围绕其运动。怎么能认为自然本质就是静止的物体在运动，而不停运动的物体是静止的呢？这也是与数学理论背道而驰的。

阿里斯塔克并没有什么门徒或其学说的继承者，正如我们可以料想到的，有相当大的一部分人依然相信神灵和已有的对宇宙的认知。

其实，我真想搭乘时间机器，把阿里斯塔克还有那些中伤他的人都带到现在这个时代，让他们乘坐航天飞机在太空轨道上看看自己的想法是多么荒谬（当然，这其中不包括阿里斯塔克）。

即使在外太空，柏拉图主义者可能依然会说："我们不就是在绕着地球运动么？地心说的确是真理。"这个时候，我就应该和阿里斯塔克一起乘坐救援舱跑掉，然后让宇宙飞船撞向太阳。

11. 天文学的发展停滞了，物理学与数学迎来春天

由于阿里斯塔克提出的"日心说"没有得到世人的认可，于是这一理论直到两千多年以后，由于哥白尼的出现才再次重见天日。

继阿里斯塔克之后，出现了一位广受认可的杰出数学家与自然科学家阿基米德，他与牛顿、高斯一道被称为是历史上三位最伟大的数学家。他发明了流体静力学、静态力学和峰值测量法，与此同时还冠有微积分之父、数学与物理学之父的名号。

"我们要讲的课题与数学、物理学有何关系呢？"

偶尔会有人问：为什么要如此信赖数学方程式？还会质疑这堆数字并没有太大意义。

我们应用于现实生活中的数学方程式，并非简单地将一些数字套用在里面，在进行一系列操作以后就让您相信这些内容。实际上，这些描述事物行为的方程式是物理现象，以及所有量化、干预其发展的变量影响的直接结果。

例如，我们可以想象一下地面上有一个球，踢它一脚后可以观察到球移

动的幅度与我们使用的力气有关。出于某些原因，我们有兴趣提前知道球在受力后移动的具体长度，所以我们可以开始试验击打这个球，看看到底会发生什么。

在第一次发力后，测量一下球移动的距离。瞄准这个数值，捡起球并放回初始位置。

之后我们使用两倍的力量来击打这个球体，它就前进了两倍的距离。通过第二次尝试，可以推断出如果受力是原来的两倍，则移动距离相应增长。为了验证我们的假设，第三次使用第一次击球一半的力量，球体就移动了第一次受力后运行长度的一半。虽然实验结果并不算十分精确，但是也可以通过观察总结出球体运动距离的长短与其所受的力成正比。

当然，这是一个简化版本的试验，许多变量的影响因素都没有纳入考量范围内。如果想结果更加精确，还需计算球与地面的摩擦力、空气的阻力，还有地面的坡度。也就是说，如果在实验中使用两倍的力来推动球，而球运行了四倍的距离，按照最初的想法，就会得出物体运行的长度与其受到的力的平方成正比的结论。

这就是数学在物理学中应用的一个实例。归根结底，这种结合只是在考虑不同变量对事物运行的影响后，描述世界运行状态的一种方式。

阿基米德就是那个在观察实际情况后，以上述方式对其进行量化的。通过计量多个现象之间的关系，他模拟计算了船只在水上运行时的排水量，以及特定情况下在杠杆上施加的力。一旦找到这种关系，就可以极大地改善生活，因为人们可以提前预测情况的发生，从而节省了解决某些问题所必需的工作量和资源。

例如，在一个平衡的杠杆上，阿基米德提出：杠杆两边受到的力的比值等于两边受力点与支点间距离的比值。

如果您需要移动一个很重的物体，自己又无法承担它的重量，如果知道

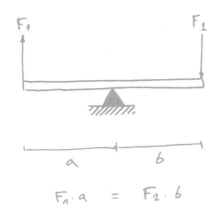

$$F_1 \cdot a = F_2 \cdot b$$

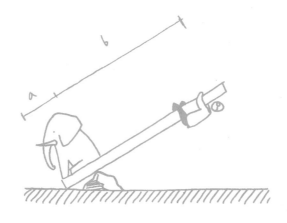

其具体数值，通过这种方式，您就能够计算出移动它需要的杠杆的长度，以及必须施加的力。这样就能让人们在开始工作前安排好人手与物质资源，避免造成浪费，从而提高工作效率。

与此同时，阿基米德对天文学的贡献并不大。在其著作中，曾经提到过关于苍穹的话题，不过是为了反驳阿里斯塔克的观点，认为他的理论违背了当时的教义。并且，对阿基米德来讲，他似乎不太赞同阿里斯塔克将星体假定在距离地球如此遥远的位置上。

神秘的历史资料

在阿基米德的著作《沙粒计算》中，他首次提出了使用有限数目表达无穷大数值的方法，如书中描述了需要多少沙粒才能填满整个宇宙。当然，当时没人有办法解决这个问题。不过有一些关于宇宙空间的理论，其中就包括阿里斯塔克对太空的认识，阿基米德对此是这样评论的：

阿里斯塔克在其理论中假设太阳和其他一些星体是保持静止的，地球在某一轨道上绕太阳做圆周运动。而其余静止的恒星都位于一个球体上，这个巨大球体的球心位置也是太阳的位置，其球体半径相当于地球运行轨迹的半径。

最终，他的结论是：宇宙直径为100万亿埃斯塔迪奥①，需要10^{63}粒沙子才能填满。用我们熟知的单位来表示，阿基米德计算出的宇宙直径约为2光年。而实际上，离地球最近的那颗恒星到地球的长度的一半就有4光年，可观测到的宇宙直径是在460亿~470亿光年……这确实比阿基米德计算出的结果要大一些。

如果这与天文学并没有什么实质联系，那为什么我要讲这些内容呢？因为《沙粒计算》这本书堪称历史上出版的第一部学术研究著作。

---

① 埃斯塔迪奥，长度单位，1埃斯塔迪奥合201.2米，是古竞技场的长度。——译者注

下面，就让我们跟随另外一位对天文学做出更大贡献的学者继续了解这段历史。

2月29日

这位学者是埃拉托斯特尼，他证实了地球是一个球体，甚至计算出了大概的直径长度。当然，之前这个理论也曾经出现过（您还记得阿里斯塔克么？）。但这是首次有人拿出确切的证据来证实这一假设。

我们还是重新来看看关于行星是球体的讨论。

埃拉托斯特尼原本居住在亚历山大港，但是他曾经听说过在埃及古城斯温尼特，可以从地表观察到太阳的最高点，在夏至的中午到达顶峰。因此，在这一时刻斯温尼特城中没有任何影子。

同时，埃拉托斯特尼知道，在同一时间的亚历山大港并没有出现相同的现象。在夏至那一天的中午，太阳也相对位于最高位置，但他发现相比于斯温尼特城中观察到的太阳的方位，这里的太阳位于顶峰以南7° 12'处。对于埃拉托斯特尼而言，这意味着地球一定是一个球体。

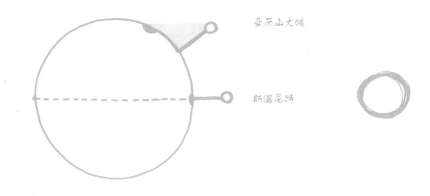

神秘的历史资料

埃拉托斯特尼用一部名为"地理学"的作品发明了"地理"这一学科，用以描述人类所居住的世界。除此之外，他还是亚历山大港图书馆的主要书商。在这个历史上最具重要意义的图书馆中，管理员们的任务就是尽可能地收集知识。凡是在此港口停泊的船只，都必须留下他们携带的书籍，以便在图书馆中收录副本。如此认真的工作使得亚历山大图书馆成为一个巨大的数据库。据推测，里面曾经保存过的羊皮卷大概有4万~50万张。

我之所以说"曾经保存过"，是因为这个伟大的图书馆之后遭遇了不幸，被大火吞噬。记载这起历史事件的文献中提到了许多因素，甚至指出图书馆并不仅是在一次有预谋的火灾中被毁灭的，第一次受损很可能是在公元前48年恺撒大帝时期，在公元642年穆斯林入侵埃及期间又受到多次毁坏。

其实，有时候我们连自己早餐吃了什么都会忘记（当然您可以总吃一样的菜），所以通过那些来自不同文化的文献资料来考证1500年前发生的事情就更加艰难了。因此，以上的论述很可能是不客观的。

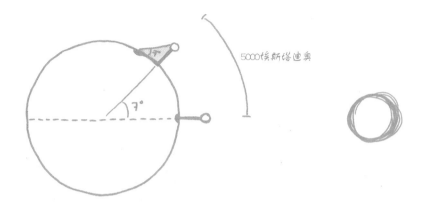

埃拉托斯特尼还知道亚历山大港与斯温尼特城之间相距5000埃斯塔迪奥。这个数据是通过询问来往于两城市之间的行人与游客所花费的时间来计算的。这样一来，就可以推算地球的直径长度了。

已知亚历山大港与斯温尼特城在同一球面上相隔7°或12°，而一个整圆是360°。那么两城市之间的距离大概是整个圆周的1/50，则地球的周长就等于5000埃斯塔迪奥（两城之间的距离）的50倍，即25万埃斯塔迪奥。

问题在于，每一个历史时期"埃斯塔迪奥"这一长度单位的实际距离都不一样，我们无法得知埃拉托斯特尼计算出的地球周长与实际数值（赤道周长40008千米）的精确差别。虽然如此，我们仍可以推算出上述结果在39690~46620千米之间，也就是说误差程度在1.6%~16.3%。

实际上，这一数值与实际长度的差距并不重要。即使相差再大，埃拉托斯特尼的观察也已经证实地球是一个球体。

"嘿！您别想就这样结束这个话题的讨论，因为即使地球是一个平面，太阳光照射到不同地方的角度也不一样啊！"

好吧，我借用一张图来为您解释这个问题。

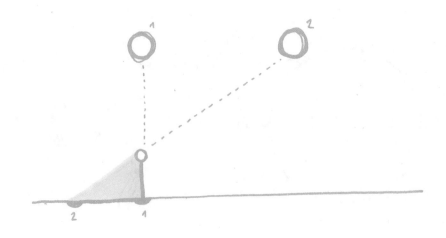

　　您说得也有道理，确实仅仅通过埃拉托斯特尼的实验无法完全证实地球是圆的。但是也有其他自然科学家观察到的现象可以佐证"地圆说"。例如，当一个人在南北向做长途旅行时，过一段时间就会发现夜空中有一些星星消失了，而从地平线上升起了之前从未观察到的星星，这也证实了人们是在一个弯曲的表面上移动。另外，古希腊人观察到，船体会先于桅杆消失于地平线下，这种情况只会发生在一个弯曲的表面上。

神秘的历史资料

事实上，"最近还有人认为地球是平的"这件事，是17世纪新教教会对天主教教会的一种诋毁。因为在新教教徒眼中，他们的思想和科学理论相较于天主教而言都更加开放。"您还认为地球是扁平的么？！"之类讽刺的话，意在表达他们对天主教的蔑视，因为在两千多年前人们就知道地球是圆的。

但这并不意味着最近就没有人认为地球是平的。1906年，福音传教士威廉·格伦·沃利瓦（William Glenn Voliva）接替了（美国）伊利诺伊州锡安镇的前牧师。他上任后严格禁止吸烟、喝酒、跳舞，甚至是炸玉米饼，不过引人注目的是他在镇上的学校里强制传播自己的学说，用他自己的话说就是：

太阳直径有数百万英里、太阳距离地球9100万英里的想法是极其荒谬的。太阳的直径不过32英里，距地球3000英里，这才是合乎逻辑的事实。是上帝创造了太阳，以给地球带来光明，因此必须将它放置在更近一些的位置。就像我们，怎么会用威斯康星州的基诺沙城的一盏灯来给锡安镇的一座房子照亮呢？

让我们暂且放下关于当代史料的话题，回到古希腊时代。

埃拉托斯特尼并不满足于测量出地球的直径这一成就，他开始研究太阳和月亮之间的距离。同样，他计算出的数字是有争议的，因为文献中的希腊语原文表达的数字是"400埃斯塔迪奥80000米利阿德"，这是古希腊时代用来表示"万"的单位。疑问在于，至今我们并不清楚这一表达是408万埃斯塔迪奥，还是80400万埃斯塔迪奥。

无论如何，第二个数字最接近实际的数值。埃拉托斯特尼已经通过某种方式计算出月亮和太阳之间的距离大约是1.49亿千米，这一计算结果与实际值129597870.7千米惊人的接近。并且他还得出了月球和地球之间的距离为78万埃斯塔迪奥，或者说14.43万千米。这个数字并不接近实际情况，事实上这只是实际长度的三分之一。另外，埃拉托斯特尼还认为太阳比地球大27倍，而实际数字是109倍。这些不准确的计量数字间接表明他在计算日地距离时也犯了错误，大概误差是2200万千米。

另一方面，埃拉托斯特尼是第一个推翻巴比伦陈旧日历的人，原来的日历仅仅靠随意地增减月份来使得历法在复杂而漫长的周期中符合季节的变化。他伟大而创新的想法是，由于每年有365.25天，那么每四年额外增加一天就可以最大限度减轻时间延迟的影响。我们应该感谢埃拉托斯特尼把大家从巴比伦的历法系统中解救出来，现在的人们再也不会每隔两三个月就进入闰月，终于抛弃了那些混乱的日历。

12. 毫无疑问，一切星体都在地球周围旋转

虽然埃拉托斯特尼证明了地球是一个球体，并且精准地计算出了它的大小，但和那时大部分古希腊人一样，他还是认为地球是宇宙的中心，其他星体都围绕其做圆周运动。

在埃拉托斯特尼的时代，由于柏拉图的关系，人们普遍推崇"地心说"，一位名叫托勒密的科学家的出现，使得这个理论更加深入人心。

托勒密出生于公元90年，于公元168年逝世。也就是说，我们的叙述已经迈过了公元前的历史时期。

托勒密撰写的《天文学大成》革命性地改变了天文学界的认知。这是一部关于行星、恒星在宇宙空间如何运动的伟大著作。他从以地球为中心的角度，假设的五个行星移动的基本原则是：

1. 所有天体所在的空间都是球形的，也如球体一般运动。

2. 地球是一个球体。

3. 地球的确在宇宙靠近中心的位置，但并非宇宙的最中心。（这一点后文会解释。）

4. 相比于其他星体，地球的体积并不大，可以通过数学计算出其大小。

5. 地球并不处于运动状态。

在这个模型中，按照本轮、均轮系统的排列，所有的行星和太阳、月亮、地球天空，都有着自己运行的天层。同时，其他星体也围绕各自星球外的一个小圆周运动。这个模型很好地解释了部分行星逆行的现象。

到此为止，并没有出现什么创新型的理论，以上内容都是柏拉图和亚里士多德已经论述过的。然而有一个细节，是托勒密自己提出的：地球只是十分靠近宇宙的中心位置，但它本身并非宇宙中心。

托勒密将轨道设定为椭圆形自有其道理。在"地心说"的模型中，太阳围绕着一个完美的圆形轨道，绕地球做圆周运动。这样的结果是，地球上每一天昼夜时长都应该保持一致，而且按照古希腊人的宇宙观，也不应该出现季节的交替，因为地球所获得的热量总是均等的。为了解决这一矛盾，他便将"地心说"中太阳绕地球旋转的轨道设定为椭圆形。当然，这并不符合柏拉图的想法，柏拉图认为一切不完美的圆形都是不纯洁的、不值一提的。

托勒密在他的宇宙模型中并没有将地球放在中心位置，这样安排的结果与设定太阳绕椭圆形轨道运动而得到的结果相同。也可能是太阳绕圆形轨道运动，但其与地球的距离长短一直在变化。

这样的设想是为了解决另一个问题。

在柏拉图的宇宙模型中，星体以恒定不变的速度进行圆周运动，而这并不符合实际生活中发生的现象。

就像前文提到的菲洛劳斯所解释的那样，如果您在一年之中观察行星的运行轨迹，就会发现它们除了在改变运动方向之前会减速或停止以外，有时候也会突然加速。这种可被人类观测到的速度变化，并非完全由我们在地球上的主观视角，或与地球这些行星之间的相对运动造成。还有一个原因就是星体椭圆形的运动轨道，当地球离太阳最近时引力增大、速度增加；而当地球远离太阳时则会减速。

托勒密假设所有星体的运动都有规律且是完美的，因为其模型中行星的均轮运动是相对地球及其在宇宙中心另一侧的"对点"而言的。这样一来，有关行星柏拉图式的圆周运动假设得以保留，因为地球所在的位置，我们看到的行星运行轨迹一定是有偏差的。

行星做均轮运动所围绕的原点被称为"均点"。

这个系统并不完美，但在托勒密时代可以非常精准地预测行星的运动，并且比其他任何已有的模型都有效。如果不考虑星体必须有完美的运动轨道这一局限，它们围绕均轮中的"均点"做圆周运动这一理论是一种非常聪明的、可以用来解释其运动速度变化的方式，并且这种改良是通过基于对天体运行现象的观察得来的。

根据柏拉图的思想及亚里士多德的理论模型，托勒密所提出的宇宙模型（请记住，他在模型中假定了55个球体）理论在未来的12个世纪中被世人奉

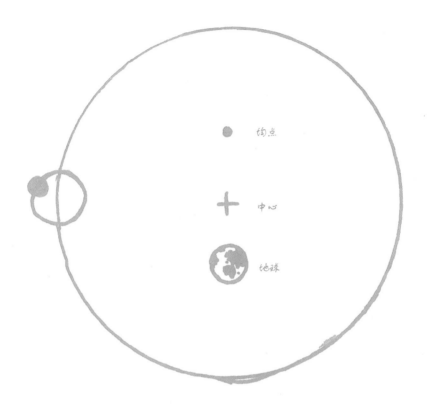

为绝对真理，而且不仅仅在欧洲，还包括信仰伊斯兰教的地区。

　　这个系统虽然能够更加完美地解释所观测到的各种天体运行现象，但有一个不足之处是：它依然在引导着人们相信一切星体都在围绕地球旋转。换言之，人类处在宇宙的中心。毋庸置疑，那时大部分人十分乐于接受这个宇宙观，也就不会去尝试提出其他不同的观点。

第五章

人们终于认清了
太阳的位置：
文艺复兴时期

虽然现在我们中的大多数人并不熟悉"文艺复兴",但这一历史时期对于人类发展的意义要远远超过《忍者神龟》①。

文艺复兴起源于意大利,商品和贸易的兴起催生了令人厌恶的富裕阶层,特别是在商贸发达的地区,如威尼斯港和热那亚港。大部分的贸易对象是信仰伊斯兰教的国家,更具体地说是奥斯曼帝国,或者可以说是那些在几个世纪中一直苦心学习并翻译古希腊文字的民族。

由于这个原因,人们不仅重新发现了罗马时期的古希腊建筑,还对这些历史文物的价值有了新的认识,相较于中世纪的某些思想更加理性。不过,这并不意味着人们不再相信上帝,并完全改变了自己的生活方式。正如我们所了解到的那样,文艺复兴时期的知识分子或多或少都是宗教的信徒和修行之人。这主要是因为,教会在当时是少数可以提供教育的机构之一。嗯,其特点……您也知道,会有一定的偏见。

文艺复兴运动在当时并不被大多数人所了解,因为它只是影响一小部分人口的文化运动。

好了,经过简短的介绍,让我们继续天文学的话题吧。

1. 试图离开宇宙中心的地球

在过去的一千两百多年中,思想家们为了提高托勒密地心说系统的准确

---

① 《忍者神龟》,美国20世纪80年代推出的漫画及动画片,其中四个主人公的名字,分别以文艺复兴时期四位杰出艺术家达·芬奇、拉斐尔、米开朗基罗和多纳泰罗的名字命名。

性，就为这个理论添加了越来越多的补充条件。而尼古拉斯·哥白尼认为，这个系统之所以从未提供出完全正确的预测结果，是因为整个理论都是错误的。

哥白尼认为，如果视太阳而非地球为宇宙的中心，以此为出发点，那么观测可能会更有意义。

此外，按照托勒密模型中的各个本轮进行手工计算简直是一场噩梦。日心说（英文中Helios来自古希腊神话中的太阳神，以此寓意太阳为中心）的理论很可能会为天空中的各类天文现象提供更加简单的解释；若使用托勒密系统，可能要使用代表数十个本轮的烦琐数学公式来进行计算。

哥白尼所处的文艺复兴时期在中世纪与现代文明的中间。对于知识分子来说，经历了几个世纪的黑暗，世界终于再次转向了古希腊的思想模式，相较于中世纪教条的思维，文艺复兴时期人们也以更加开放的心态来看待自然。

此外，还出现了重要的技术进步，如印刷术的发明极大促进了文本的复制和传播。哥白尼开始在大街上印发宣传其假说的小册子。他并没有发疯，而是思维严谨，曾经受过良好的学科教育，通晓人文、物理学及天文学等。除此之外，哥白尼还能使用希腊语和拉丁文写作。当时，除了贵族或者教会成员的儿子，拥有如此高学识的人并不多见。哥白尼属于后者，他来自一个天主教牧师家庭。

由于对教会及知识分子圈子的熟悉，哥白尼知道他的理论在当时并不容易被世人接受，因此在撰写其关于"天体领域革命"和"日心说"的作品时非常谨慎。

为了不引起剧烈争论，他用拉丁文写作。这样一来只有受过教育的读者才能获取信息，另一方面他使用设问的方式来减少潜在的攻击，如："假设地球是旋转着的，那会出现什么现象呢？"

若是人们指责他是日心说的信徒，哥白尼就以这样的表达方式为自己辩护。认同日心说无异于违背了地球是宇宙中心的上帝之道。要知道，人是会很极端的。

哥白尼在1542年发表关于天空革命的理论前，一直都非常谨慎。1514年，他撰写了一份关于正在研究的"日心说"的草案，这份40页的文件题为《哥白尼日心说的简短摘要》，现在普遍称之为《短论》。

为了不引起普遍关注，这些文件的复本只是在与哥白尼熟识的人之间传读。与此同时，他开始观察天空以检验天体运行现象是否与其预测相符合。

早在1532年，哥白尼已经完成了《天体运行论》的手稿，这部作品详细地阐释了他的理论。很多朋友鼓励哥白尼把这个宇宙观公之于众，但被他拒绝了。用他自己的话说，他不愿意因为这些理论的创新性和不可理解性而冒险，并遭受蔑视和诋毁。

1533年，哲学家约翰·阿尔布雷希特注意到了这部苦心之作，并在罗马进行了一系列讲座来解释哥白尼的思想。这不仅引起了红衣主教们的兴趣，也使教皇克莱门特七世注意到了这个理论。这从红衣主教尼古拉斯·施奈贝格在1536年写给哥白尼的一封信中可见一二：

我听说您不仅以一种少见的方式完全掌握了古代天文学家的发现，还形成了新的宇宙学。您坚持认为地球是在移动的，而太阳位于较低的、宇宙中心的位置。也就是说八个天空保持静止且固定，月球与其球体上的元素一同位于火星和金星的天空层中间，并且在一年之中绕太阳做公转。我还听说您曾经写过关于这个宇宙系统的详细论述，计算了行星运动并绘制了表格，这一切令人钦佩。因此，我恳请您将所有关于宇宙星体的著作、表格连同一切与之相关的材料尽快发送给我。

不过哥白尼非常谨慎，他拒绝了这个在教会中拥有极高职权的人的请求。

最终，数学家雷蒂库斯花了三年时间，成功说服哥白尼公布了这部作品，并在1542年由路德宗神学家安德烈亚斯·奥西安德负责印刷工作。为了使这部作品通过审查并避免某些可能招致的野蛮行径，在没有得到哥白尼授权的情况下，针对那些可能被日心说冒犯的人，安德烈亚斯给这本书加了序言来进行辩护，在序言中他写道：

我知道有些学者会因此书而深感被冒犯，并认为已经确立良久的坚实学科基础不应该陷入混乱。不过，如果您愿意仔细研究这个问题，就会发现这本书的作者并没有做过任何应该遭受谴责的事情。天文学家们有责任通过其细致的研究来描绘天体的运动，探究其原因并做出假设。

由于他无法运用已有的理论计算出符合实际现象的结果，故而采用了必要的假设，运用几何原理来得出正确的运行结果，既用来解释发生过的现象，也用来预测未来。作者已经出色地履行了自己的职责。这些假设不需要是正确的，甚至可以是完全不可能的。只要能够计算出与观察到的现象相一致的结果就足够了。

这篇序言是用来保护哥白尼的著作，而并非其本人。因为根据口耳相传的故事，哥白尼在拿到这本印刷完成的书时已经因为心脏病发作而处于昏迷状态。当他知道这部作品终于完成出版时，从昏迷中醒来，看了这本书一眼就撒手人寰了。

2. 哥白尼理论及基本原理

1. 天体的圆形运行轨道是均匀且不变的，或是由多个圆圈组成的（柏拉图和托勒密用圆圈和本轮来代表它们）。

2. 宇宙的中心靠近太阳。

3. 在太阳周围，行星遵循这样的顺序排列：水星、金星、地球和月亮、火星、木星、土星，更远处是其他星体。

4. 地球进行三种运动：每日一周的自转、一年一周的公转，以及地轴在一年中的倾斜变化。

5. 行星逆行的现象可以通过地球的运动来解释。

6. 地球到太阳的距离要小于地球到其他星体的距离。

不幸的是，当时所能观测到的现象并不足以精确支撑哥白尼的理论。

日心说最强有力的一个论点是，它可以解释为什么水星和金星的运行轨迹不能在天空形成一个圆环：由于这两颗行星与地球相比距离太阳更近，其公转速度更快，地球永远都不可能"超越"它们。

除此之外，日心说的模型也非常复杂。哥白尼没能完全在系统中撤销托勒密所假设的本轮，并且在运用数学计算行星位置时也没能做到更加简便。更糟糕的是，结果也没有更加精确。虽然那时人们由于固有观念不愿接受新的学术理论，但日心说本身没能体现出特别的超越性也是人们不接受它的一个原因。

3. 新出现的天文学家，如此特别的一个人……

似乎哥白尼已经为现代天文学铺好了第一块砖，按照这个方向发展，后面每一次出现新的理论都能够更加接近我们今天所熟知的事实。不过，第谷·布拉赫，这个生活和名字一样古怪的人，向我们展示了事情是如何朝相反方向发展的。

第谷出身于贵族家庭，有着强大的家族背景。在其叔叔约根的逼迫下，他成为一名学者。

您一定在想："这是多么奇怪的家庭啊。"

然而，至少按照我们这个时代的标准，这段故事中诡异的地方还不止于此：因为约根和他的妻子生不了孩子，第谷的父母就承诺把自己的第一个孩子送给他们。不过，事到临头第谷的父母并没有履行诺言。约根为了伸张正义就直接抢走了他的侄子。奇怪的是，第谷的父母并没有反对，也没有试着要回自己的孩子。就这样，第谷养在了叔叔家。

按照约根的想法，第谷在6~12岁的时候学习拉丁文，然后在哥本哈根大学学习法律。幸运的是，在那时专业并没有划分得十分细致，年轻的第谷还接触到了许多其他课程，其中就包括天文学。

1560年8月21日发生了日食。比这个现象本身更令第谷印象深刻的，是天文学家们对这个日期的精准预测。自此之后，第谷决定投身于天文学。约根并不同意，因为他的心愿是让第谷成为一名公务员。因此，他指派了一名19岁的年轻人陪同第谷先后在欧洲几所大学学习，以对他进行监督。不过，这个年轻人经过第谷的劝说，最终同意他研读天文学。

第谷意识到，这门学科需要系统性地、严格细致地观测天空，为了得到最精确的结果，必须使用尽可能好的设备。后来这一系列的工作成了他毕生的事业。第谷致力于观测天空，并改良、扩大一些工具的尺寸，还发明了其他新的仪器。

神秘的历史资料

接下来，我们看一则文艺复兴时期的花边新闻。1566年，第谷针对一个数学公式的有效性与一位贵族展开激烈争论。由于没人能完全证实自己的观点，他们便展开决斗。结果，第谷在这次决斗中失去了一部分鼻子。虽然那时候的雕塑家可以精准地模仿人形，但由于缺少材料，第谷只得在脸上嵌入一部分金属假体来弥补鼻子上的缺失，以此生活过往。

据说，这位积蓄颇丰的天文学家给自己买了金银材质的鼻子假体，不过这个谣言终究只是一个传说。最近发掘出第谷的遗体并对其分析后发现，他的鼻子假体是黄铜材质的。虽然有些跑题，但是我们不妨借机讲一讲关于他的一些事情。

除了上面讲的，第谷在其居住的城堡里还有一个专门为其表演杂耍的人，名叫杰普，是一个侏儒。这个人相信自己能够通灵，并且只能在桌子下面用餐。另外，第谷养了一只麋鹿做宠物，他还喜欢举办宴会，提供丰富的美酒和食物，并在席间向宾客们展示这只麋鹿。在这种情况下，这只可怜的动物醉醺醺地从楼梯上摔下去也就不足为怪了。

现在，我们继续天文学的话题。

1572年，第谷见证了一个前所未有的现象：仙后座中爆发了一颗新星。如今我们知道，他当时所观测到的是一颗超新星。这意味着有一颗比太阳还要大的恒星进入演化的最后阶段，趋于死亡。这种爆发的光可以照亮整个星系。第谷对超新星还一无所知，但他意识到这个现象打破了几千年来人们对宇宙体系的认知。因为按照亚里士多德的观点，月球轨道以外的天空是永恒不变的，而现在这个观点已经被证明是不正确的。

第谷观察到这个新出现的光点并不是一颗行星，其在天空中的位置从未发生过改变。于是，他决定撰写一本名为《新星》的短篇作品。

超新星的发现极大促进了第谷天文学事业的发展，丹麦国王弗雷德里克二世为他提供了最好的观测设备，并在1576年将汶岛建造成为一个天文观测站。这个天文台名为乌剌尼堡，是希腊语和丹麦语的混合词汇，意为乌剌尼亚（乌剌尼亚，古希腊神话中九位缪斯之一，司管天文学与占星术）城堡。

要知道，这个天文台并没有配备望远镜，因为它们尚未发明出来。事实上，第谷是最后一位裸眼观测天文现象的伟大天文学家。我们还知道的是，建设这座天文观测站的总花费占到当年丹麦国内生产总值的1%。

"我不明白。我想说其实研究天空和宇宙的运行方式是对的，不过在丹麦就没有比这些更值得投资的地方了吗？我并不想批评这笔开销花得不对，只是觉得很奇怪。"

因为在那时，丹麦的海上航行市场非常强大，而夜间航行最佳的导航方式就是依靠夜空中天体的走向。

国王清楚地知道，更加精确的观测结果可以提高船舶的定位能力，并最大限度地减少延误和损失，从而提高经济效益。

自此以后，第谷在23年中夜以继日、一丝不苟地观察并测量夜空中星体的位置，并以史无前例的精准度进行了定位。幸运的是，第谷不是一个人承担这项艰巨的任务，彼时乌剌尼堡已然成为一个天文学研究中心，有一百名学生和工匠在此工作。第谷也在这里建立了自己的炼金术实验室（这在当时十分普遍），可能这一兴趣始于他的鼻子受伤之后。

在乌剌尼堡的天文观测站运行满一年后，第谷在1577年成为观测并记录大彗星的第一人，其官方名称为C/1577 V1。凭借着优越的设施条件，这里的天文学家留下了对数千个彗星运行轨迹的精确记录。

4. 关于彗星的一些评论

关于彗星，我想提前向大家说明一些事情。因为人们可能会认为彗星类似于大型的流星，它们全速飞行并像一束光一般划过天空而不会坠落。不过，这种认识是完全错误的，若真如此我就把自己的手放到火上[1]。人们之所以会这样认为，可能是受到了从小听到的东方三博士[2]，以及有关伯利恒之星[3]神话的影响：

---

[1] 把手放到火上，法语里的一个著名成语，来源于中世纪的神明裁判，是指假借神的力量来证明诉讼当事人有罪或无罪。在进行神明裁判时，要对诉讼双方进行一种火的考验：分别让诉讼双方抓住一根烧红的铁棍走十余步，或者把手放在烧红的护手甲里。当时的人们确信：如果当事人确实无罪，过一段时期，神就会让他的伤愈合；如未愈合，则表示他没有得到神灵护佑，因而有罪。

[2] 东方三博士，西方《圣经》中的人物。

[3] 伯利恒之星，圣诞树顶端的一颗星星，传说耶稣降生时，这颗星照亮了伯利恒的早晨。伯利恒是巴勒斯坦城市，耶稣诞生地。

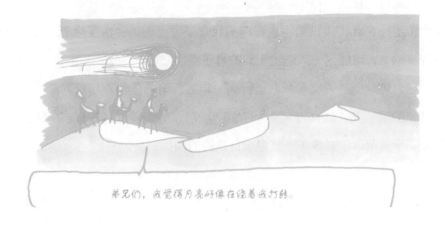

弟兄们，我觉得月亮好像在绕着我打转。

那些穿越地球大气层，在我们看来是流星雨的物体其实是陨石，即小型岩石体，它们进入大气的速度是35~72千米/秒。与大多数人想法不同的是，陨石发出光亮并非由于其进入大气层时产生的摩擦，而是单纯地缘自空气带来的阻力。直觉在这个问题上没什么作用，因为空气是看不见的，也很难去想象陨石与空气高速摩擦的情况。不过，我们还是尝试让这个现象更具体一些。

当某一物体以如此高的速度穿过大气层时，它并不会在气体中间穿过。因为速度太快了，周围的空气分子没有时间进行移动，都堆积在陨石的前方，相对形成一个高阻力的前沿，就像我们在骑自行车时前面的车轮粘上了一块脏东西。随着陨石的移动，阻力与温度都在逐渐升高。

在升温的过程中，陨石开始发光。如果我们加热一块铁，温度足够高时它会发出微微的红光，而光亮程度也与温度成正比，物体越亮则颜色越浅。这就是飞行中的陨石前部所发生的状况：受到高压力的前沿部分的空气将热传导至陨石表面，在温度足够高时就开始发光。

另一方面，彗星的光亮与这个过程毫无关联。彗星距离地球数十万或数百万千米，因此它不可能与地球的大气相互作用。

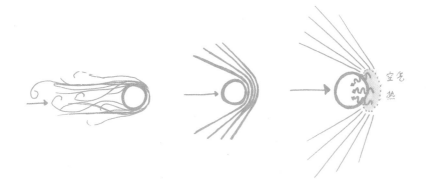

"如果彗星前面没有任何阻力，那么它的亮度和尾部的光线是从何而来呢？"

彗星来自太阳系的极寒地带，由冰和岩石组成，就像一个脏兮兮的大雪球。当它被太阳辐射到时，其中的冰非常容易蒸发。事实上，彗星的光亮和长尾巴（被称为彗尾）只是它所留下的气体的痕迹。

不过，彗星距离地球非常遥远，能观测到的实际运动并不像艺术家描绘出的或电影中展现出的那样壮观。在天空中，彗星看起来就是一个带有漫射状尾巴的光点。尽管它的移动速度比行星快得多，但是除非几个小时内连续观察，否则察觉不到彗星的运动。

彗星的运行轨道与其他行星完全不同，虽然行星们的轨道也是椭圆形的，但是已经非常接近正圆。而彗星则沿着一个非常大的椭圆绕太阳运动直至太阳系的末端，而后再回到太阳系内部。

这就是彗星可以连续几天，甚至几个月在天空中被人类观测到的原因。它在昼夜间十分缓慢地改变自己的位置，直至太阳的热量将其瓦解或消失在太阳系的某一处。

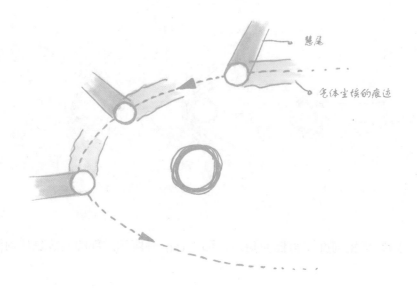

慧尾

气体尘埃的痕迹

5. 一些概念

小行星：一个相对较小的星体，由金属和岩石构成并围绕太阳运行。

彗星：由冰、灰尘和岩石构成的小型星体。太阳光会蒸发其上面的冰、灰尘，蒸发产生的气体形成彗尾。

流星：特指彗星或小行星的颗粒物穿越地球大气层时发出光亮的痕迹。

陨石：彗星或其他行星的小颗粒，可以穿越地球大气层并与地表相撞。

整个关于彗星的讲解都基于第谷关于其运行轨道形状的观察。这些记录至关重要，因为它们可以完美地证明在太空中存在不按照圆形轨道运行的星体。而这最终可以彻底推翻柏拉图关于完美圆形的理论。

现在，您一定在想：第谷对天空的观察如此细致入微，又十分了解各个星体的位置，那么他应该有办法发展出一个最接近现实情况的宇宙理论。

然而，事实并非如此。

他所设计的第谷系统仍将地球放在宇宙中心，而太阳和月亮都绕地球公转。

不过，他的理论有一点不同：其他行星是围绕太阳公转的，而非地球。

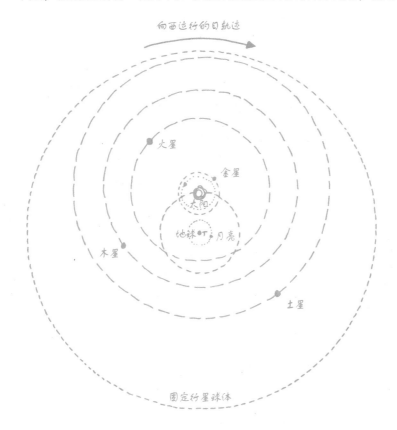

第谷虽然对哥白尼提出的日心说理论很感兴趣，但他还是假设了上述系统。他认为：

这项创新理论十分巧妙地避开了托勒密系统中一切多余与不和谐的设计，而且没有违背任何数学原理。即使如此，地球这个沉重而混沌的球体也根本不适合如此高速度的旋转运动。

第谷的这段话意在阐述：根据亚里士多德的物理学，宇宙由以太或者一种精华物质组成，它轻盈且坚固稳定，往往以圆形路径运动。这样的物质在地球上是不存在的，因为地球的构造要比宇宙空间中的物质更加沉重、混沌。第谷相信以太的存在，所以对他来说地球不可能在宇宙中做运动，这样沉重的球体只能是在宇宙的中心。

第谷承认，如哥白尼所说的那样，地球绕地轴自转的假设解释了所观测到的太阳和其他星体的运行轨迹，但这种运动对于沉重、质密且不透明的地球本身来说还是太快了。

第谷所假设的宇宙系统比哥白尼的模型更容易被世人接受，因为它并非如从地心说到日心说那样天翻地覆的变化。此外，从哲学的角度看第谷的理论也更容易接纳："好吧，尽管并不是一切都围绕地球旋转，但至少我们仍然是宇宙的中心！"

我们现在也不会认为第谷模型一无是处，就算是错误的理论也会有符合现实的地方。事实上，第谷的宇宙模型可以很好地预测天体的位置——除了火星。

另一个问题是，弗雷德里克二世（支持建造天文台的国王）于1588年逝世了，他11岁的儿子继位后，第谷与这位年轻的君主无法沟通。他们之间的差异迫使第谷在1597年离开了乌剌尼堡。

1599年，第谷搬到了布拉格，获得了当时神圣罗马帝国的皇帝鲁道夫二世的赞助。第谷通过为贵族制作占星图维持生计。1600年2月，第谷在布拉格与约翰内斯·开普勒相遇。开普勒提供了充分的证据，证明太阳位于宇宙的中心，这完全推翻了干扰天文学家们几个世纪的那些属于亚里士多德、柏拉图和托勒密的理论模型。

6. 再次改变太阳的位置

开普勒在年幼时就表现出强大的数学能力，自小就对天文学产生十分浓厚的兴趣。1577年，他才6岁，就看到了这一年出现的大彗星。不幸的是，他在早年时感染天花病毒，视力受损，而且双手也残疾了。这样一来，他根本无法操作天文仪器。

在大学期间，开普勒分别学习了托勒密和哥白尼提出的宇宙模型，并且认同位于宇宙中心位置的是太阳，而不是地球。

《宇宙的奥秘》是开普勒第一部捍卫日心说的作品。他提出，若是考虑到各个行星间轨道的比率与正多面体的内切圆、外接圆有关联，就可以解释行星之间的距离。

"您能不能不使用这么多术语来解释问题？"

好的，看了下面的文字您就懂了。

除了研究圆圈和球体，柏拉图与他的弟子们还提出：只存在五种正多面体，即五种由单一多边形构成的三维几何图形。如正四面体由四个三角形构成，立方体由六个正方形构成。

从柏拉图式的观点来看，这些具有对称性美感的物体，它们成为能够用来研究事物本质理论的理想候选者。卡普勒作为一名天主教新教教徒，始终相信上帝非常明智地创造了世界，而这些完美的多边形就是智慧的最终表达。

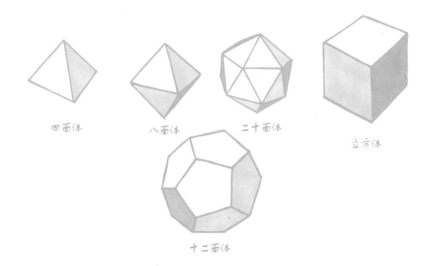

四面体　　　八面体　　　二十面体　　　立方体

十二面体

开普勒得出最终结论：上帝一定是运用这些多边形创造出了整个太阳系，并由此撰写了一本完整的书。书中详细解释了在各个天体中间这些几何图形的体现。下面是一个三维立体展示图，在二维平面上就容易理解多了。

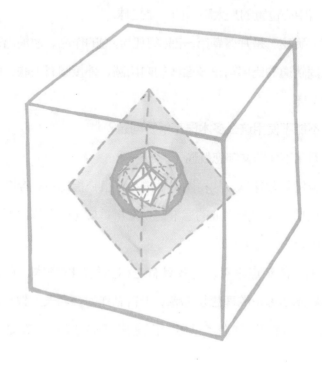

鉴于开普勒的宗教背景，这个想法对他来说意义重大，正好为日心说做了补充。那时，人们仅仅认识太阳系中的六颗行星，而这恰好证实了开普勒的理论。宇宙中会有六颗星体是因为只存在五个正多面体，它们按照面数的升序排列，在各自之间划定了六个球体。每个球体包含了一颗行星，这样就产生了一个拥有六颗星体的太阳系。开普勒就是通过如此奇妙的推测来支撑自己的理论。

尽管如此，他还是意识到这个由完美多边形构成的模型并没有精准预测出行星之间的正确距离。如果这个理论不符合现实，那么总有一天会被摒弃。虽然开普勒的假设是错误的，但其贡献是通过赋予"日心说"一部分宗教色彩，从而使人们更容易接受这个思想。在那时，一个想法的哲学背景是可以增添其在大众中的可信度的。

开普勒是在许多年以后才认识到他在《宇宙的奥秘》一书中所提出的理论的无效性。在刚刚成书时，他还信心十足，并把作品寄给了包括第谷在内的多位天文学家。

7. 死亡与伟大发现交织的复杂友谊

第谷并不欣赏开普勒的理论，他写了一封信，以严厉深刻的方式对这本书进行了批评。这个过程使得两位天文学家建立了联系，尽管卡普勒无法回答第谷关于新宇宙系统的诸多问题，二人还是就此进行讨论。开普勒缺乏一步非常重要的工作，即将理论与实际的观测结果展开对比；那时，他刚好可以从第谷那里获得这方面的资料。

1599年年底，第谷邀请开普勒来参观他在布拉格附近建造的一座新的天文观测站。来年2月，开普勒到达那里，并在那里学习数月，研究第谷关于火星的观测数据。就此，事情发生了变化：开普勒需要大量天体运行数据来开展自己的工作，但第谷此时把他视为竞争对手，而非工作伙伴，并不打算将材料分享给他。

由此，他们之间产生嫌隙，开普勒甚至一度离开天文台，但最终还是返回。他明白，要进行理论研究，这些数据至关重要。幸运的是，这样的局面很快就结束了，因为第谷在1601年逝世了。

神秘的历史资料

第谷怪异的死亡播下了疑问的种子，人们在三个世纪后开始怀疑开普勒的行为。

开普勒曾经写道：

1601年10月13日，第谷参加了一场由国王组织举办的宴会。他一直没去成洗手间，因为那时在贵族面前这样做是很大的不敬。回到家后，第谷本该进行历史上最愉快的一次释放，但最后只有少量的尿液，并且觉得非常痛苦。11天后，第谷就去世了。经医生检测，死因是肾结石。

然而，在300年后的1901年，人们挖掘第谷的尸体时并没有在这位天文学家的遗骸中发现肾结石的迹象。因此，科学家们判断第谷可能死于膀胱感染或肾衰竭。另一个意外发现是人们在第谷的胡子中发现了汞，这是一种有毒的重金属。

基于此，有人怀疑第谷是在炼金术实验室中不知不觉地沾染上了这种金属，或是某个认为第谷死去比活着更有益处的人故意谋害了他。有可能这个人迫切地需要一些观测结果来完成自己的工作。这个人也有可能是助手……好吧，到20世纪时，人们普遍怀疑开普勒是那个毒害第谷的人。

然而，2010年，来自罗斯托克大学和奥胡斯大学的科学家们用更加灵敏的现代仪器重复检测并分析了一遍，他们发现第谷在十年间接触到的汞并不足以致命（人们通过其胡子的长度推测出了时间）。

就这样，大家打消了对开普勒的怀疑，并认为膀胱破裂是第谷死亡最合理的解释。

第谷去世时留下了巨额财富，开普勒知道其继承人都十分渴望分到这位天文学家的遗产，所以他必须加紧行动，在出现问题之前带走那些观测资料。正如开普勒在1605年的一封信中所写：

我承认，在第谷去世时我利用了他的继承人们的疏忽，直接拿走了那些观测资料，说是掠夺行为也没有问题。

从来没有哪次"掠夺行为"能够如此造福于人类社会：基于这些材料，开普勒得出了"行星围绕太阳公转的轨道是椭圆形"的结论。这推翻了数千年来行星轨迹是完美的圆形的理论。

这不仅意味着轨道形状的改变，也表明太阳并非位于椭圆的中心，而是在另一个焦点处。开普勒新提出的模型如下图：

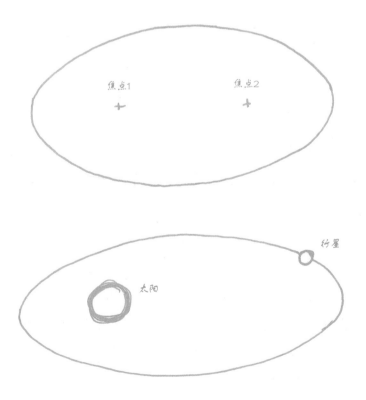

这一结论解释了在地心说于正圆形轨道模型中，为什么火星的椭圆形轨道是最难以描绘的。其轨道最远点距离太阳2.49亿千米，最近点距离太阳2.07亿千米。再举一个例子，地球近日点和远日点与太阳的距离分别为1.47亿千米和1.52亿千米。也就是说，地球轨道与火星轨道相比更加近似一个圆形。

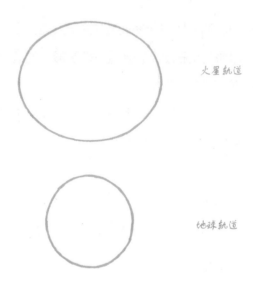

开普勒还意识到：行星在绕太阳运动时，距离太阳越近，其运行速度越快；距离太阳越远，其运行速度越慢。而轨道更接近于椭圆形的行星，它们在天空中的运行速度变化就更大一些。

这个理论彻底推翻了柏拉图"所有行星以不变的速度在其轨道上做圆周运动"的假说。

还有一点，由于行星运行的速度是由它们与太阳距离的远近以及轨道的椭圆形状所决定的，因而轨道的大小与行星绕太阳运行成一整圈所需的时间并非线性关系。也就是说，行星轨道周期与其轨道长度不再符合以往"行星轨道周长是其自身周长的两倍"的说法。

事实上，开普勒观察到行星轨道周期的平方与其半长轴的立方成一定比例，这就意味着只要知道各个行星完成一周公转的时间，就能大概推测出太阳系的比例规模。

根据开普勒的三个定律，就不需要在行星运行轨道中加入"本轮"的设定来解释星体逆行，也不用假设另外一个"均点"来为天体不规律的运行轨迹进行辩解。终于出现了一个更加优雅、简洁的宇宙系统，只不过在这个模型中，地球并非宇宙中心。

开普勒所提出的宇宙系统假说要比其他任何的模型都更加贴近现实。基于哥白尼开创的"日心说"理论、第谷对于天体运行的观察，以及开普勒的理论创造，太阳才被定格在了它本来的位置上。

即使如此，开普勒的想法并没有在一夜之间就被当时的社会接受。关于地球处于宇宙中心的认定已经持续了一千多年，不会在朝夕之间就完全消失，要想让人们的想法有所动摇，还需要为日心说提供更多的证据作为背书。而要想打破这个漫长的争论局面，世界需要另外一种革命。

这个革命者就是伽利略·伽利雷。

第六章

让天空更加靠近
我们的眼睛：
伽利略 · 伽利雷

119

16 世纪初，天主教教会的气氛有些阴暗。自罗马教会起施行的一些举措，在欧洲的其他地方并不被看好。

在德国，马丁·路德已经厌倦了监管教会不当行为的工作。这样的宗教机构，应该在《圣经》的教导下推行无罪的生活美德。最令他愤怒的是教会竟然开始售卖"赎罪券"，购买了一张这样的纸，人的一切罪责就可以获得原谅。

由于印刷术的发明，《圣经》已经路德本人翻译成了德语，这样就有更多的人可以直接阅读《圣经》的文本，也看到了天主教的那些丑恶行径。他们针对天主教教会所进行的抗议活动让其被冠以"新教徒"的名号。自此，基督教两大派别之间的气氛日渐紧张，最终新教徒们在国内有了一席之地。

为了明确天主教与新教各自的教义，教会后来在意大利的特伦托市举行了一次理事会（主教和天主教会当局会议），正式给两个宗教派别做出划分。

在这样动荡的氛围中，教会对于新教徒的思想，事实上，是对任何反对宗教经典教义的想法变得异常敏感。为了遏制这些"危险"的新生理论，宗教裁判所在1542年于意大利正式成立，用来审判他们认为的"异端邪说"。

看到这个时代背景，我们大概能想到伽利略确实出生于一个最不利于他开展科研工作的时代。

和我们之前提到的那些天文学家不大一样，伽利略自小并没有展示出对天文学的什么兴趣。他最初想成为一名牧师，但是父亲劝说他去比萨大学攻读医学——更确切地说，是学习那个时代的医学。

伽利略对数学是感兴趣的。不过，直到在大学里误打误撞地参加了几何课程学习后，他才劝说父亲让自己更换专业，开始研究数学与自然哲学。

这个改变对伽利略来说是件好事。他在1589年，也就是27岁的时候就获得了比萨大学教授的职位。1591年伽利略的父亲去世了，他需要抚养弟弟，就搬到了帕多瓦。在这里，他继续教授几何学、力学和天文学，一直工作到1610年。

"他在此期间还发明了望远镜，对吧？"

嗯，这个怎么说呢？实际上并不是伽利略发明了望远镜，可以说他只是借用了这个想法。

1. 望远镜之父？

1608年，荷兰人汉斯·李普希和雅各·梅提斯向海牙政府提交了两项不同的专利，其中描述了一种"使远处物体看起来近在咫尺的装置"。它由一个包含凹透镜和凸透镜的管组成，这样的设计可以将物体放大至其原来的3~4倍。

当局认为，为这样的设计颁发一个专利并不"值得"，因为它太容易被复制了。但是他们还是支付了梅提斯补偿金，并雇用李普希来制造一款双筒望远镜，想大赚一笔。

该设备发明出来的消息很快传遍欧洲。1609年初，基于一些并不准确的描述，伽利略就成功建造出了一台有三倍放大效果的望远镜。也就是说，用它可以把某个物体的成像放大三倍。1609年年中时，放大效果增加至八倍，而最终伽利略改良出了有二十倍放大效果的望远镜。

最后一台望远镜功能十分强大，伽利略就是用它来对天空中的月球、木星和其他模糊的光点进行观察的。又过了一年，他发表了名为《星际信使》的作品。可能是意识到这一书名似乎把自己摆到了很重要的位置上，于是他数次在手稿中澄清：这本书只是关于几项天文学进展的说明，自己并非什么庄严的天堂使者。

2. 伽利略：我看到了，我看到了

由于可以通过望远镜将天体放大二十倍进行观察，伽利略在书中描述了史无前例的发现，在那时根本不可能有其他人曾经看到过。

例如，他观察到月亮在圆月和弯月之间变化的过程中，明亮区域与黑暗部分的分割线并不均匀，是一个不规则的边界。

事实上，伽利略由此推断月球表面有山脉。这就与亚里士多德"一切星体都是光滑且完美"的观点相矛盾。至少，其中一个星体就类似于我们的地球，并没有那么"纯净"。

伽利略通过望远镜的观察，还在报告中记载了他看到了数量是肉眼可见星体十倍的星星，而且天空中一些云雾状的东西其实是星团。同样，他可以看到穿越整个天空的那条巨大而广阔的星带，即银河系，是由"不计其数的星团"组成的。

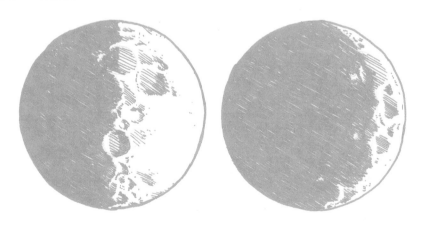

根据这些信息，伽利略绘制了一些星座，标注了肉眼可见的和不可见的星体。

自古以来，许多科学家在天空中都观察到一些模糊的发光点、类似云雾状的星团。伽利略可以通过望远镜看到它们并非漫射开来的怪异星体，而是星云。实际上，一部分这样的弥漫星云本身就是太空中巨大的星团，它们反射了周围星体的光，从而有了亮度，如猎户座星云就是如此。我们无法苛责伽利略没能探究到这一点，因为用当时的设备是不可能观测到这些的。那时，人们已经可以接受月球表面有山脉的说法，宇宙空间中发着亮光的气体云也是可以谈论的。

在这本书中，最值得注意的一个发现是木星周围的四颗星。经过连续几个晚上的观察，伽利略发现这四颗星一直保持在木星赤道的水平面上（因为他位于一侧进行观察），它们运行的速度非常快，以至于在几小时内就可以看到其在木星周围位置的变化。

由于这四颗星每天都伴随着木星一同穿过天空，伽利略得出结论：它们围绕木星旋转。

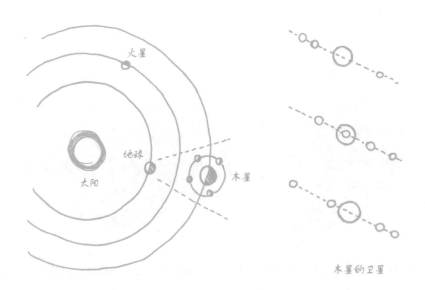

木星的卫星

神秘的历史资料

　　最初，分别以宙斯（对罗马人而言是朱庇特）的四个情人的名字来对木星的四颗卫星进行命名：艾奥、欧罗巴、盖尼米德和卡里斯托。提出这个命名的人是马里乌斯，他曾经是第谷的老师。马里乌斯认为自己在伽利略之前发现了木星的四颗卫星，所以有权利命名。不过这是一个误会，他使用的是朱利安历法，而教会使用的是格里高利历法，在日期的计算上略有偏差。考虑到这个因素的影响，还是伽利略更早发现了这四颗卫星。即使如此，人们还是不想改变马里乌斯取的这四个名字（必须承认，确实是很不错的名字）。

伽利略刚刚证明了宇宙中存在星体围绕着并非地球的行星做公转运动，欧洲的一众科学家们立即使用自己的望远镜进行观察，来证实这一发现。这种举动似乎有点傻，不过这是科学研究基础方式之一的开端：为了验证某一事件的确定性，需要独立的研究人员重复进行检验。

伽利略在《星际信使》中所写下的观察结果引发了公众们一连串的情绪反应，从尊重到敌意与怀疑。这部作品似野火一般蔓延至意大利和英国，甚至出现了相关的艺术作品，如卢多维科·奇哥利的《圣母升天》就展现了圣母玛利亚站在有陨石坑的半圆形新月之上，以及安德烈·萨基的《神的智慧》，其中描绘了与太阳分隔的地球，代表地球围绕太阳旋转。

伽利略的作品能够带来如此大的反响并不奇怪。虽然哥白尼与开普勒的理论已经能够通过数学的方法对天文现象做出解释，但绝大部分人并不熟悉那些天文观测结果，也搞不懂数学计算出的宇宙模型，他们依然认为地球是宇宙的中心，一切围绕地球转动。

在那时，评判地心说与日心说究竟哪一个真正具有价值的人是一些学者。当然了，这些人一直在教会学习，毕竟这是那个阶段唯一提供教育的机构。

不过，伽利略已经向世人证明天空中的星体并非像人们想象的那样完美，任何购买了望远镜的人都可以（在一定范围内）对其进行观察。现在哪怕不是这一领域的学者的人，也可以研究天文现象了，只需要拿起望远镜对准天空，就可以得到和伽利略相同的结论：月球表面光照部分与黑暗区域的分界是凹凸不平的，这样就解开了人们心中天体的完美面纱。

当然，望远镜这项新发明带来的惊喜还不止于此。伽利略在发表了《星际信使》后，又观测到了天空中的奇怪的现象。他在观察土星时产生了困惑。

现在我们都知道，土星周围有一个巨大的圆环系统，其中包含数十亿个冰块和岩石碎片。这些碎片大小各不相同，从微小如尘埃到公共汽车般大小，他们都在土星上方盘旋，覆盖面宽度可达7000~80000千米，但其厚度只有10米左右。伽利略的困惑来自那时的望远镜还没有强大到帮他分辨出土星外的这个圆环。经过几年时间的观测后……嗯，下图就是他试图描绘的看到的景象：

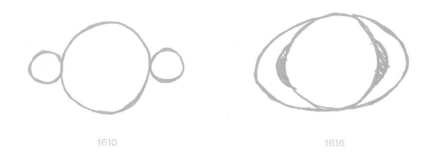

1610   1616

在写给其赞助方美第奇家族的一封信中，伽利略这样说道：

土星并非由单一星体构成，而是有三个部分。它们从不相互接触，也从未移动或改变过相对位置。三颗星在黄道线处平行，中间部分（土星本身）的尺寸比两侧（光环边缘）大三倍。

后来几年，伽利略又观测到这些星体时而出现，时而消失。正如天文学家克里斯蒂安·惠更斯在1659年发现的那样，土星轴有一个27°的倾斜角。当土星位于轨道上的不同位置时，人们在地球上所观察到的光环也有所不同。如第128页上图，当土星与地球在同一侧时，其光环对人们来说就是不可见的（别忘了它的厚度只有10米）。土星在轨道上通过这一点后继续绕太阳公转时，就可以再次观测到其光环了。

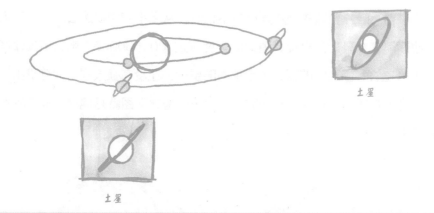

土星

土星

神秘的历史资料

由于无法给观测到的结果找到合理的解释，伽利略在首次发现土星光环消失时感到极度困惑。巧合的是，土星是以古希腊神话中克洛诺斯神的罗马名字命名的，他是时间之神。克洛诺斯为了防止他的孩子和自己竞争，就吃掉了他们。所以真的不能责怪伽利略的迷惑，这个巧合真是太糟糕了。

3. 再见了，托勒密系统

在这个阶段，伽利略的观测结果已经证明天空的星体与地球一样是不完美的，其中有一些行星并不围绕地球公转。不过，虽然这些结果让人们摆脱了延续几个世纪的柏拉图理论，但还是没有一个人能够清晰地证明太阳就是太阳系的中心……就连最顽固的学者都知道这一点。

事实上，伽利略在1610年8月给开普勒的一封信中就表达了他的沮丧。他在信中解释说：

有一些哲学家在质疑我的发现，当我邀请他们通过望远镜自己进行观察时，他们也拒绝了我。

亲爱的开普勒，我希望我们可以将这些资质平庸之人的愚蠢付之一笑。对于这些哲学家们如毒蜓一般的固执行径，我还能说什么呢？尽管我费尽心思地让他们免费用望远镜自己去看，这些人不仅不想看行星，连望远镜也不想看一眼。就像毒蜓闭上了耳朵一样，这些哲学家也在真理的光芒面前闭上了自己的眼睛。

伽利略还抱怨说，天文学家们希望自己永远不必抬头去看，似乎宇宙的伟大著作只能由亚里士多德来解读，而他们的眼睛注定只是给后世传达这些观点的。

不过，在1610年伽利略还是发现了支持日心说权威性的、无可争议的证据。他意识到金星被观测到的形状也会在不同时段增大或减小，就像月亮一样。

根据金星在轨道中的位置，以及人们能够观测到其出现的位置，我们能看到行星的一部分是被照亮的。伽利略意识到，只有在两种情况下会出现上述现象：（1）金星围绕着太阳转；（2）金星比地球距离太阳更近。而在托

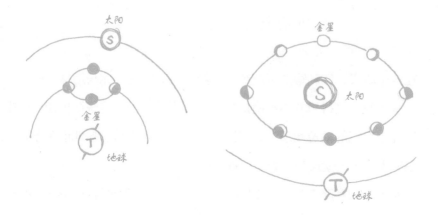

勒密的宇宙体系中，金星只可能处于增大的阶段，如上图所示。

这一细节直接否定了托勒密的宇宙系统。因为若地球是宇宙中心，而其他星体绕其运动的话，这个已经添加了许多本轮的系统中不可能出现再观测到金星盈亏的现象。但这并没有即刻改变所有人的想法，很多天文学家自此转向了金星围绕太阳运动的宇宙系统，如第谷系统，但其中太阳还是在围绕地球运动。

某种程度上，这也是可以理解的。在一个社会中，若大多数知识分子都确信《圣经》是上帝的话语，则有些认识不容易被动摇。况且，人们会理解为，上帝说地球是宇宙的中心，比起那些与之相矛盾的理论，也会更愿意相信那些能够支持地心说的概念。不过，伽利略的发现为以后日心说被正名提供了证据，虽然这让他陷入了极大的麻烦之中。

在基督教的世界中，大部分受教育人群相信托勒密的地心说模型，不仅仅是因为这个模型非常有效地预测了行星的运行轨迹，也是因其有一部分与《圣经》中的内容相吻合，例如：

整个地球要在他面前颤抖，世界也坚定不动摇。（《历代志》）

日出日落，急归所出之地。（《传道书》）

将地立在根基上，使地永不动摇。（《诗篇》）

当然，《圣经》中也有自相矛盾的地方，例如：

神将北极铺在空中，将大地悬在虚空。（《约伯记》）

《圣经》中这些矛盾的地方已是众所周知，所以我们不去深入探究这一主题。但有一个基本的理念是：教会非常认同地心说，突然之间出现了一个新的理论，认为太阳位于中心位置，并且这个理论更好地解释了天体的运动，还假定行星的轨道并非完美的圆形。

托勒密模型不再是最好的工具，人们也不再将其有效性归因于观察的准确性，因为已经出现了一个更好的模型。当然，日心说与《圣经》是有冲突的。这个时候，教会站在了十字路口处，唯一合理的办法是：继续捍卫托勒密模型的真实性，但同时在实际生活中应用日心说模型，如在1582年人们就利用日心说调整了日历。

然而，日心说没有一直游走于这种被接受的边缘。1616年，教会的立场不再模糊。由于伽利略为捍卫日心说所进行的激进运动已经为自己在教会中招来了许多敌人，再加上他在辩论中的果决，被人一纸诉状告到了宗教裁判所。这个时候，伽利略已经被教会的人视为眼中钉。

1545年—1563年，特伦特委员会举行了会议。记住，他们在会中重新定义了天主教教会接受的内容与不认同的内容，以此与新教做区分。

其中一件已经批准的事情就是，教会对《圣经》有最终的解释权。据此，他们宣称《圣经》中讲到地球是宇宙的中心。

在意大利这样的天主教国家，哥白尼提出并在1543年发表的日心说就成为一项异端工作，尽管书中只是把这个理论归为假设。鉴于教会将哥白尼的谨慎之作放进了禁书清单，并进行了适当的重新编订，伽利略能够继续宣扬他的想法而未被教会烧死实属奇迹。

总之，在1616年2月26日，教皇保罗五世裁定，伽利略必须放弃哥白尼的观点，如果他继续坚持，教会将采取重大行动。判决具体如下：

完全放弃教授、捍卫哥白尼的观点，不得为此项观点辩护。完全放弃太阳在宇宙中心静止而地球在运动的观点，不得以任何口头或书面的形式教授、捍卫它。

顺便说一句，在对伽利略进行审判后，教会禁止发行哥白尼的书，直至其内容得到纠正。即使哥白尼的书中用语微妙而谨慎，也无法摆脱被审查。在德国，开普勒的研究工作也接受了审查。正如您所看到的，社会气氛对新思想不太开放，不过伽利略并没有就此收手。

我想，只能用下面这个插图来表达这种审判到底有多烦人。

4. 伽利略强势的性格

虽然哥白尼在作品中的表达有所保留，以防止有可能受到异端指控，但伽利略远没有这么谨慎。事实上，当他确定自己是正确的时候，对其他人的态度就非常傲慢，并把别人都当成蠢材。

这样的傲慢蒙蔽了伽利略，即使自己的想法明显有错时，他也持这样的态度。1616年，他随意提出一个想法，认为是太阳的升起和落下造成了潮汐。这个理论显然是荒谬的，因为潮汐每天都会出现两次涨落，而按照伽利略的说法一天只会出现一次潮汐，白天涨潮，夜间落潮。然而，尽管在最基本的层面也解释不通自己的理论，伽利略还是坚持捍卫其有效性。

虽然使用望远镜让自己的工作有了很好的进展，但是在天文方面的数学知识，伽利略并不精通。比如，即使他发现了太阳和月亮都不是亚里士多德所描述的那样完美的球体，但他还是觉得开普勒所提出的行星的运行轨道是椭圆形的理论难以接受。看来，他的精神是有点问题。

在当时宗教氛围十分浓厚的情况下，伽利略开始撰写《关于托勒密和哥白尼两大世界体系的对话》这本书。书中有三个虚拟的人物在进行辩论：一位推崇哥白尼系统的科学家萨尔瓦迪，一位中立的学者萨格雷多，还有一位亚里士多德学说的支持者辛普利西奥。鉴于最后一位科学家是认同地心说的，也就不必去解释其命名古怪的原因了。

这一切还远远算不上伽利略最疯狂的想法。当时世界上最有权势的人之一，乌尔巴诺八世知道他在撰写这部作品后，要求在书中加入自己的论点。

伽利略想也没想，就将教皇的话借辛普利西奥之口表达了出来。

要知道在书中，萨尔瓦迪与萨格雷多一直在讥讽辛普利西奥的想法，极尽能事地让他看起来是个蠢材。1632年，由于文稿要经过教会特别委员会查阅，这本书还没来得及印刷完成就被禁止了。这也在意料之中。

伽利略于1632年被宗教裁判所判处终身监禁，并且被迫放弃支持日心说的理论，因为这个理论在当时被视为异端邪说。为了防止他再次说出侮辱上帝的言辞，伽利略的作品《关于托勒密和哥白尼两大世界体系的对话》也被永久禁止出版。

其实，考虑到伽利略那时的行径，这些刑罚还算不上野蛮。而且他入狱时已经69岁高龄，经历8年牢狱生活，他于77岁时去世了。

在伽利略的一生中，他不止做了挑战亚里士多德世界观这一件事。前文几次讲过，古典的思想家们认为世界存在一种名为以太或精华的物质，在地球之外也有。这种纯净、轻盈的元素并不受任何物理学定律的制约，它没有冷热或干湿的分别，其自然状态就是进行圆周运动。

在那个时代，物理学指出：要使一个物体保持运动，必须有一个力作用于它。这看起来是十分有逻辑的说法：在没有外力的情况下，运动中的球会在一段时间后停止转动，一个前后摆动的摇椅也会恢复静止。基于对身边自然现象的观察，上述理论的确是合理的。又怎么会是错的呢？

伽利略一直使用玻璃球在斜面进行他的工作。嗯，所以不要低估您身边那些在斜坡上玩玻璃球的人。

他制造了几个"U"形组件，然后让玻璃球从一端以一定高度落下，看看它能够在另一端达到多高。当他注意到球在"U"形斜面的另一端并没有达到其原始高度时，他用不同材质构成的"U"形组件进行了测试。他很快意识到，当修改坡道表面以使其变得更粗糙时，玻璃球在另外一边能够上升的高度就越低。

伽利略通过这些实验得出一个结论，存在一种他命名为"摩擦力"的力，由物体本身产生，在其移动过程中受该种摩擦力影响，会逐渐停止运动。而地面或空气在接触任何物体时都会产生摩擦力，这也就是地球上的物

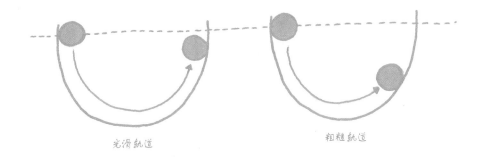

光滑轨道　　　　　　　　粗糙轨道

体会倾向于保持静止的原因。

　　然而，若是宇宙空间中也充满了以太这种物质，无论它多么纯净，还是会有影响。行星们的运动也会因此而减慢。经过数千年的观察，没有任何一个人发现过这种迹象。用更简单的方式讲，若是宇宙中充满了以太，那么地球上每一年都会比前一年更长。因为由于摩擦力的影响，行星要花费越来越长的时间完成绕太阳一周的公转。

　　伽利略认为，没有介质存在，就不存在摩擦力。给物体施加一个力它将永远保持运动，直至另外一个力使其减速。这就解释了地球为什么可以一直绕太阳公转，伽利略又一次说对了。

　　对这个问题进行详细阐释的人是艾萨克·牛顿。

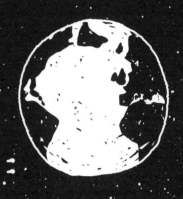

第七章

找寻运动的原因：
艾萨克·牛顿

137

我们继续来看在伽利略身后发生的故事。我之所以这样说，是因为伽利略去世的当天，牛顿出生了。

牛顿是在英格兰度过童年的。那时，统治该地区的是严苛的清教徒政府。这是新教的一个具有严酷性质的分支。清教徒们信奉"唯独《圣经》"的教条，将其视为绝无谬误的真理之源。而且，这些信徒都认为世界末日即将来临。

这样的信仰使他们试图净化（因此称为"清教徒"）英格兰的罪孽。对于信徒来说，虚荣和恶习几乎处处可见。所以，他们就在全国范围内强制执行"苦行条例"：关闭剧院和其他形式的一切娱乐节目，严禁非宗教性的音乐，因为这些音乐被认为会引发人们的懒惰。

在这样的环境下，牛顿成为一个一丝不苟的人也就并不奇怪。

牛顿以自己的方式虔诚地信奉宗教。虽然对他来说"一神论"是完全合理的，但是以当时的标准来看，他应该算是一个异教徒。他认为对耶稣像的"圣像崇拜"是一种罪。

神秘的历史资料

当时英国王室开始对炼金这样的活动进行处罚，一方面是因为有人以此行骗，更重要的是，政府担心若真的有人研发出了这样具有魔力的石头，黄金会贬值。

牛顿也研究炼金术，正如我们所想，这在当时是一件司空见惯的事情。而且，他也非常希望获得魔石，这种材料可以把任意与其接触的物体变为黄金。

在牛顿众多的信仰中，最为突出的是他相信古典世界的思想家们已经破译了真理，后来者将它们秘密编纂在哲学著作中。牛顿对所罗门圣殿的几何学有浓厚的兴趣，他认为这是所罗门国王在《圣经》时代由上帝指导进行建设的。

总的来说，牛顿总是痴迷于一些隐藏的信息。他花了相当长的时间在《圣经》中寻找线索，并在1704年的手稿中解释了他是如何计算出"世界末日不会在2060年之前到来"的结论的。然而，这项研究的目的并不只是想给地球一个存在的有效期限，用他自己的话来说，这样做是为了"让那些无知的人停止预测世界末日的时间，因为每一次预测的失败都是对神圣预言书[①]信誉的贬损"。

虽然宗教和《圣经》带给牛顿极大的影响，但是在自然科学的研究方面，他是一个经验主义者。事实上，牛顿曾经将一根金属针刺入眼睛和颅骨之间的位置，为了看到这样做对其视力的影响。之后他在手稿中详细地写下这样的标题：一项对眼部施加压力的实验。

牛顿的父亲是一个没有文化的农民，在他出生前就去世了。牛顿的母亲在他3岁时改嫁，留下他由祖母照顾。

牛顿在祖母身边上学，一直到12岁，而后他搬到了北方11千米处的一个小镇上，与一个药剂师住在一起，由此对化学产生兴趣。牛顿在这里的文法学校读书，学习了拉丁语、希腊语和一些希伯来语。又过了4年，他不得不

---

① 神圣预言书，指《圣经》。

返回农场帮助母亲工作。他的叔叔亨利·斯托克斯很快发现，牛顿在做农活方面糟糕透顶。

幸运的是，斯托克斯曾是一名教师。他设法说服牛顿的母亲让牛顿回到学校，以便为将来进入剑桥大学做准备。在遗留下来的课程笔记中，我们发现斯托克斯曾经教牛顿一些数学知识，而这些内容的难度远远超出了那个时期任何大学课程的教学大纲。

牛顿后来进入剑桥大学，在这里他甚至没有完成他在大学课程中应该阅读的书籍，其中大部分都涉及亚里士多德哲学。牛顿并不认同亚里士多德关于宇宙的观点，但他熟悉亚里士多德的思考方式，即基于对自然的仔细观察，然后根据证据得出结论。

显然，大学里的教授更注重自身工作所带来的收入，而非班级的情况。剑桥大学的管理十分宽松，学生们也相对自由，可以选择自己喜欢的专业及安排学习的进度。牛顿就选择了数学系，并在1665年获得学位。

尽管他不是天文学家，但是牛顿对天文学的发展产生了深远的影响。他几乎解决了所有日心说的遗留问题。基于对周边环境的观察，他设法描述出了物体运动的定律，并且找到了量化那种将一切物体都引至地面的神秘力量的方法。牛顿后来发现，这种力也是行星绕轨道运行的缘由。他将研究结果发表在了《自然哲学的数学原理》中，这本书也被视为历史上最重要的科学著作之一。

1. 关于万有引力

我们对牛顿与苹果的故事一定很熟悉了：坐在苹果树下，一个苹果掉落在牛顿的头上，他由此"发现"了引力。这是为数不多的几个浪漫故事与真实历史事件大概吻合的情况之一。

根据当时考古学家威廉·斯蒂克利亲自与牛顿交谈的证词，他饭后在苹果树的树荫下喝茶，看到一个苹果落下。苹果并没有落在他身上，但是离得很近。

鉴于这个故事发生的时间距今已经超过300年，以及口耳相传会多少造成事实扭曲的因素，我们今天听到的版本已经算是与实际情况相当接近了。

牛顿看到苹果从树上落下，于是开始思考为什么物体总是倾向于垂直向地面下落。更重要的是，他想知道这种使苹果下落的无形力量是否在任何高度都存在，如果是在高空中又会怎样？

完成数学建模后（牛顿发明了微积分，从而开启了新的数学分支），牛顿给这种力量取名为gravitas，在拉丁语中是"沉重"的意思。实际上，这种力也在影响着天体的运行，亦是月球坠向地球的原因。

"什么？！"

嗯？哦不！不好意思！别慌！事实上月球正以每年4厘米的速度远离地

球，我想说的是，月球一直绕地球运动，但是不会落在地球表面。

"到底是什么意思，您这个解释让我更困惑了。"

好吧，我们接下来一点点地讲解。

牛顿所发明的数学模型推断出了诸如伽利略在内的前人没能计算出的运动定律。其中第一条解释物体运动的法则：在没有外力作用下，一切物体都保持静止或匀速直线运动状态。

也就是说，一个做匀速直线运动的物体，在不受任何外力的情况下，将一直保持这个状态。

然而，重力是一种垂直于地面的作用力，这意味着它影响物体运动的方式与其他外力不同。每个物体受到的重力影响在其整个运行轨迹上是恒定的，亦取决于物体与重力场原点的距离，因此，重力会使物体的运行轨迹弯曲。

举一个更加具体的例子：想象一下您和朋友在游乐场的场景，您手中攥着一根绳子的末端，并把另一端系在朋友的腰上。接着让他沿着某个方向不停地向前跑。嗯，他很可能对这个实验并不感兴趣，这时您可以试着和他打个赌。

他一直向前奔跑，当距离您足够远时绳子会收紧。您用更大的力使其无法再继续向前，这个时候他的运行轨迹就会开始偏离原来的方向，而后在您

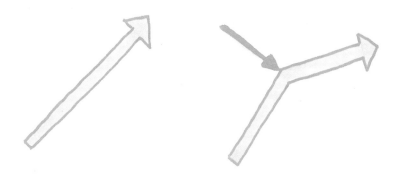

的周围做圆周运动。如果他停止奔跑或减速，拉力就会将他吸引到离您更近的地方。若是他的力气也很大，或他奔跑得足够快，那么在绳子断裂之前您就会发生偏转，并以弯曲的轨迹离他越来越近，而这位朋友会一直向前奔跑，直至撞墙。

从广义上讲，上述运动中的物体受到的拉力就类似于引力的作用：石头、子弹、球……我们在地球表面扔出的任何物体都会因重力的影响而偏转运行轨迹，在速度不够快的情况下，最终会落到地上。

"难道我扔出一块石头，如果它的速度足够快，就可以永远不掉落么？"

如果您的肌肉能够迸发出如火箭一般的推力且大气层消失的话，当然是可以的。

当我们水平射击时，子弹并不会在出膛后直接落到地上，似乎是沿着水平直线的路径行进。但是如果用手直接抛出一枚子弹，就会看到它很快偏向地面，做抛物线运动。其中的区别就在于，射击时打出的子弹速度非常快。

口径为9毫米的手枪可以给子弹加速至300米/秒，略低于声速。大型步枪可以900米/秒的速度推进子弹，这是声速的两倍多。也就是说，子弹在接

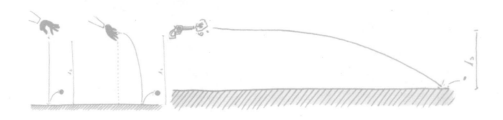

触地面前也在做抛物线运动，只是由于运行距离过长，在短程内无法观察到抛物线的曲率。

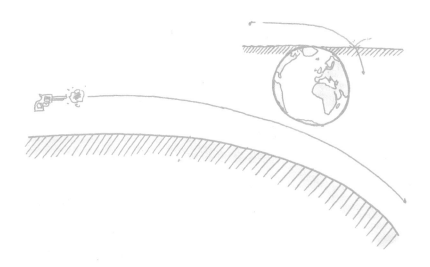

综上所述，物体运行速度越快，其运动的抛物线轨迹就越长，相应的曲率也就越小。

"等一下！地球是圆形的，有没有可能物体被抛出后，其运行轨迹的曲率与地球曲率平行呢？"

您说到点子上了。如果一个物体被抛出时的速度足够快，且其运行轨迹的曲率与地球曲率平行的话，就永远不会坠落到地面。

当然了，这种情况是不可能在地球表面发生的。能够在海平面的轨道上运行的物体其速度必须达到7.9千米/秒，相当于声速的23倍。而且在这种情况下，空气的阻力会使其慢慢减速，因而为了保持速度的稳定，还需要大量补充能量物体才能不落到海面。

这就是卫星要在大气层外绕地球运动，而不是和我们处在同一空间的原因：宇宙中没有空气阻力，这使得任何物体，只需在最初给它一个推力，就能够无限地运动下去。

神秘的历史资料

既然说到了卫星，我想就此解释一下好莱坞电影中关于太空旅行的两大误解。

（1）将运载火箭送入太空轨道，并不只是将其向上方发射，启动发动机后，让重力完成剩下的工作这样简单。一旦脱离大气层，就没有任何力量可以让卫星自动偏转至近地轨道。要想将地球上的物体放入近地轨道，使其做圆周运动，就要让其运动速度所代表的动能恰好等于其在轨道上时本身的重力势能，其速度的具体数值为7.8千米/秒。实际情况是，运载火箭通常在速度为9.3~10千米/秒内进入轨道。

根据卫星在地球不同轨道的高度，其保持环绕所需的速度各有不同。在比较靠近地面的位置，如在距离我们400千米的国际空间站（ISS），卫星需要以更大的速度行进，因为它们会受到更大的引力影响。在更远处轨道的卫星由于受到的重力影响较小，则不需要达到这个速度。

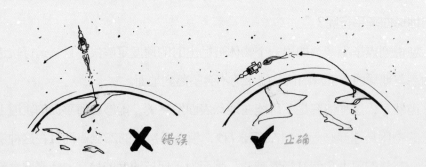

例如，国际空间站以7.66千米/秒的速度绕地球运转，而2万千米以外的全球定位系统卫星只需要以3.88千米/秒的速度运转即可。

（2）另一个普遍错误的认知是，认为宇航员在太空中飘浮，是因为完全没有引力的作用。

在距离地表400千米处的国际空间站中，宇航员们所受到的重力几乎与我们相同。不同之处在于，他们永远处于下落状态，但不会触碰到任何表面。换言之，人们在空间站中所体验到的除了感受不到引力外，还是一种持续自由下落的状态。

2. 牛顿与加农炮弹

在人们发明出可以将飞行器送入太空的航天技术以前，牛顿对上述理论已经有所了解。

牛顿在其著作《自然哲学的数学原理》中曾经描述了一个理想实验，用以探究在一座高山上不存在空气阻力或摩擦力的情况下，发射一枚炮弹会出现什么情况。这个牛顿与大炮的故事也流传了下来。

在地球本身就是一个巨大的引力场的情况下，他设想以不同的速度将炮弹发射出去。

在低速发射的情况下，炮弹会由于曲率过于闭塞而很快落到地面上。相反，如果能做到超高速发射炮弹（超过11千米/秒），那么其抛物线轨迹的曲率将会非常开放，直接使得炮弹逃离地球引力场。

然而，根据牛顿的推理，存在一个速度区间，其中的速度足以使得被抛射的物体的抛物线曲率类似于地球本身的曲率。因此，该物体会围绕地球旋转。此速度区间内的最小值将使得物体沿地球轨道做圆周运动，而区间中的最大值则会使物体在地表上方的运行轨迹逐渐变为椭圆形。

以上原理，今天在发射地球卫星，或将飞行物发射至其他星体轨道时还在应用（当然，后来爱因斯坦又做出了一些修正）。并且，这就是发射火箭过程中所应用的基本原理，更不用说牛顿第三定律了。

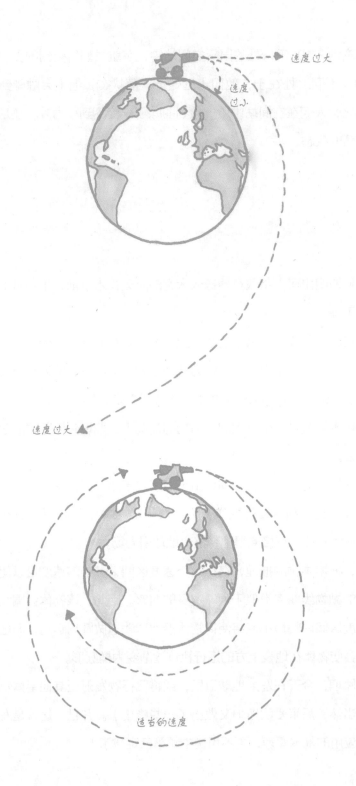

速度过大

速度过小

速度过大

适当的速度

在继续关于引力的话题之前，有一些事实需要澄清：

虽然牛顿自己承认，他并不是第一个发现两物体之间的引力大小取决于其间距离的平方的人，但是他确实是第一个用公式将其量化的人。

这意味着引力（F）与彼此吸引的两个物体（m_1和m_2）的质量成正比，并且与它们之间距离的平方（d^2）成反比。这意味着什么呢？如果将彼此吸引的两个物体之间的距离加倍，我们会注意到引力减为原来的四分之一，而不是一半。

$$F \propto \frac{m_1 \cdot m_2}{d^2}$$

我们进一步探究两个物体各自质量与其距离的关系，可以看到它们之间产生的引力发生了怎样的变化：

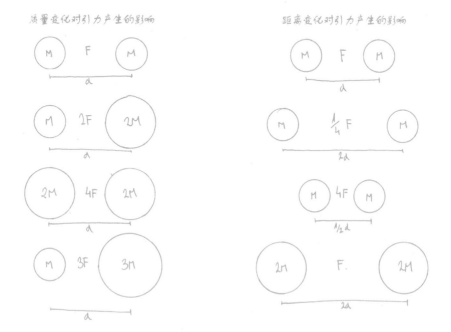

"等等，您是说引力大小受到两个物体的影响？那是不是一个比我重的人在地球上承受了更大的引力呢？"

嗯，在一定程度上说是这样吧。

若我们将上述公式应用到个人身上，那么参与产生引力的物体将是我们自己的身体和地球……而地球的质量约为6×10^{24}千克！尽管每个人的体重各不相同，但是由于地球的质量巨大，以至于不同人之间受到的引力差距小到可以忽略不计，甚至可以说是不存在的，即使是山川、建筑物，也不能使引力大小产生明显的变化。

对于牛顿始终没有计算出的、使得我们"粘"在地表的重力加速度数值，一位名叫亨利·卡文迪许的物理学家于1797年通过实验推导出来了。他发现一切处于或接近地表的物体都受到来自地心方向的引力，其加速度为9.8

米/秒^2。

我又讲到细枝末节上去了，让我们回归历史。

所有讲到的一切问题都可以通过牛顿所做的工作来回答，他的理论最终解释了为什么行星会一直围绕太阳转动。

奇怪的是，牛顿既认为太阳是太阳系中占绝对主导地位的一颗恒星，又觉得其他环绕其旋转的行星亦会对太阳产生影响，并使其位置发生一些改变。由此，牛顿指出宇宙的中心位置不会是太阳，也不会是地球，而是一切受万有引力影响而旋转的星体所共同环绕的一个点。

牛顿是对的。事实上，根据各个行星的位置推算，太阳系的中心点距离太阳表面为70万千米。由此可见，在一个多行星环绕的系统中，质量最大的星体一定处于中心位置，或者至少比其他星体距离中心点更近。

尽管术语"重心"在几何学中表示三角形三边中点连线的交叉点，但是在物理学中，它代表着一个一定范围内的引力中心[1]。

实际上，牛顿定律所反映的现象是两个物体会围绕同一个质心转动，而不是说较小质量的物体是直接受较大质量物体影响而围绕其转动的。这一现象其实很难被注意到，因为行星各自的卫星和它们本身相比，体量实在相差得太大了。由此，在上述引力系统中，重心非常明显地偏向了另外一边。例如，在地月系统中，引力重心距离地表有1707千米。具体演示如右图：

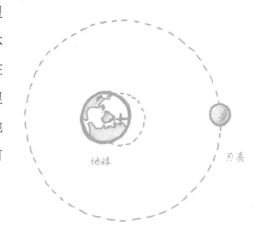

地球　　月亮

---

① 引力中心，即质心。——译者注

在地月系统中，这个现象并非显而易见的。但幸运的是，太阳系中还有另一个行星系统，可以让人们更清晰地理解这个理论：冥王星及其卫星。冥王星是一颗矮行星，事实上，因为它和其卫星的质量过于相似，所以并不存在其中一颗星绕另一颗旋转的迹象。具体来说，这个行星系统中的质心在距离冥王星19571千米的地方。

我们回归万有引力理论本身。

牛顿意识到，两物体间的引力大小取决于各自的质量，并随着它们之间距离的变大而减小。这也佐证了哥白尼的椭圆形轨道理论对天空中星体运行速度变化的解释：星体在运行过程中越靠近太阳，速度就越快；而再次远离太阳时，速度就会衰减。

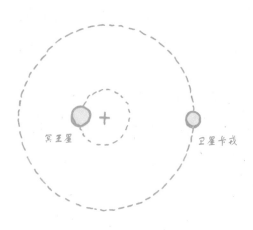

冥王星　　卫星卡戎

其实说到底，开普勒第三定律早就对这个现象进行了解释：行星在相同的时间内，其运行轨迹扫过的面积相同。只不过，牛顿将这个假设量化了。也可以说，牛顿的推算彻底坐实了日心说理论。

3. 牛顿的其他发现

牛顿有一个鲜为人知的发现：地球并非一个完美的球体，而是一个长圆形球体。这也就打破了柏拉图的完美几何体系。这个长圆形是扁平的，赤道到两极的距离短一些，而其本身的直径更长。

由此，牛顿察觉到海员们出海所使用的钟摆在靠近地球两极时运行变慢，而在其位置靠近赤道时，运行变快。最初，人们把这样的现象归结为气候变化的结果，现在人们已知道其原因是地球赤道附近发生微小的引力变化：由于受地球自转的影响，在赤道附近的旋转直径又大于两极的直径，故而其离心力增大，人在赤道位置附近所受到的引力也就随之增大。当然了，人本身很难察觉到这样微小的变化，不过这种变化会让精密的仪器受到一定程度的影响。

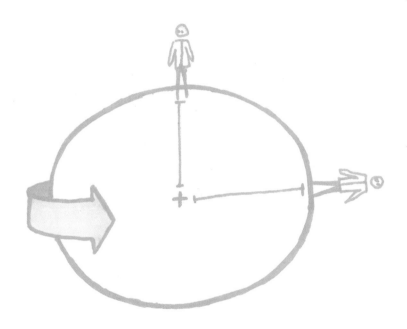

而且，重力的强度决定了时钟在摆动过程中的快慢……您应该能明白我的意思。

牛顿还对光学领域的现象非常感兴趣，他想弄清楚一束白光在穿过棱镜时到底发生了什么，以致产生了如彩虹一般的色彩。在那个时候，人们还以为是棱镜本身给光打上了颜色。

在一间房内，阳光从墙上的一个小孔进入。牛顿在这样的环境中测试不同配置的三棱镜所折射出的光，以发现其产生的现象有何不同。通过这个实验他发现，白色的光是由其他不同颜色的光组成的。并且，将不同颜色的光搭配在一起，还可以获得新的颜色。如蓝光与黄光叠加可以产生绿光，红光与黄光叠加则会产生紫色的光。他还注意到，通过三棱镜折射出的光谱中，颜色的顺序与肉眼直接观察到的不同颜色的光的顺序相反……不过，这可能与牛顿早年曾经被金属棒弄伤过眼睛而影响视觉有关。

在分析上述问题的同时，他发现望远镜的镜片会产生一种类似于色差的现象。这种现象的成因与月食期间月亮呈现红色的原因很相像：不同颜色的光在通过镜片时会发生不同角度的折射，以致人们通过望远镜观测到的物体周围出现颜色干涉条纹，多数时候是一红一蓝。

这种折射式望远镜的缺陷给观测造成了很大影响，于是牛顿研发出了一种新式望远镜，其功能性更偏向于显微镜。他在望远镜的远端加了一片反射镜，光线由反射镜反射后，再次通过折射镜就可以将观察到的图像放大。

神秘的历史资料

牛顿对造物主怀有坚定不移的信仰，认为地球引力是普遍存在的。也就是说，在他的认知中，万有引力是上帝为了让一切失控的物体按照秩序运行而创造出来的。然而，也正是由于有笃信上帝的思想，所以他认为时间与空间同样处在造物主的掌控之中，即我们生活在一个具有无限伸展性的空间中，并且它将永远存在。基于这样的想法，他坚信夜空中的星星将会一直闪耀。

1720年，一位名叫埃德蒙·哈雷的天文学家发声，质疑上述观点。毕竟，如果宇宙中存在无限大的空间，就意味着会有无数颗恒星。若这些恒星的亮度是永恒的，地球将不会存在昼夜之分。因为天空中每一个点都至少被一颗恒星照亮着，那么整个地球都将处于永昼的状态中。正因为地球昼夜分明，所以上述牛顿的观点一定是错误的。一个世纪之后，这一推论由德国天文学家海因里希·奥尔伯斯推广开来。这位天文学家因其提出的奥尔伯斯悖论而受到广泛赞誉，在当时颇具权威。

最后的争论问题在于，引力是宇宙中一股无形的控制万物的力量这一假设在当时并没能立即深入人心，因为这个理论与一个已经存在的说法相冲突。例如，勒内·笛卡尔所提出的，一个物体只有在接触了另一个物体后才能对其产生影响。按照这一逻辑，只有在宇宙中存在着一种能够产生旋涡的流动性物体，才能够解释星体沿轨道所做的运动，它们是被困在了这种旋涡之中才随之旋转的。（您发现了吗，这是在借用以太物质之说。）当然，相较于能够吸引两个物体的无形引力，这个想法更容易被人们接受。

4. 哈雷彗星的脚步

牛顿于1724年逝世，然而他的理论要到很久之后才被人们完全接受。即使他提出的数学公式极其精确，已经被天文界广泛使用，牛顿定律的有效性也是直到1759年才真正为大众所知。那是因为，天文学家亚历克西斯·克莱拉特在那一年利用牛顿力学公式推测出了哈雷彗星将再次经过地球的具体月份。

"这个很简单啊，哈雷彗星每76年经过地球一次，他只要根据上一次彗星出现的时间推算一下就好了。"

不，不是这样的。现实并非如此简单。

哈雷彗星的轨道呈现极度的椭圆形，这使得其进入太阳系后，向地球方向运行前的位置与海王星的轨道高度相同。考虑到太阳系中其余行星的位置，彗星的速度会有所增加或减少。

然而，考虑到哈雷彗星与地球之间的距离与其运行周期，这样的"微小"差距有可能提前或滞后几个月。

"好吧，我低估了事情的难度，要向那些历史天文学家道歉。"

嗯，这样很好。

克莱罗与他的两个门徒勒波特夫人、约瑟夫·拉朗德花费了6个月的时间，推算出了彗星下一次经过地球的时间点。根据彗星的运动周期，这个时间点会晚618天。这个推测结果是在1758年公布的，然而天文学家们担心他们推算出的延迟时间过长，所以又做出了一些简化，并声明之前的计算结果可能包含长达27天的误差。

最终，哈雷彗星于1759年的5月中旬被人们观测到，距离科学家们预测过的时间只延迟了一个月，确实符合之前声明中的误差。在那个时代，冥王星和海王星尚不为人们所知，若是在计算过程中不考虑这两颗行星的影响，就不可能做出更准确的预测。

这一天文观测结果证实了牛顿物理学的有效性。开普勒先前提出的理论中，假定行星环绕太阳运行的轨道是椭圆形的，且彗星具有椭圆曲率最大的轨迹。哈雷彗星经过地球的时间与科学家们按照牛顿定律公式推测出的时间大致相同，这也就证实了日心说理论。哥白尼是正确的，太阳的确是太阳系的中心。

人类从古至今都生活在这个空间中，却花了5000年的时间才对其有大概性认知。不过，我们终于把太阳放在属于它的太阳系中心位置上，其余的行星按照排序围绕其旋转。

牛顿物理学发挥了很好的效用，直到20世纪，天文学界才发生其他学术变革，促使人们重新对太阳系在宇宙中的位置，以及空间本质的问题进行思考。

然而，这并不意味着在此期间没有重大事件发生。

第八章

寻觅在太阳系中被忽视的星体

159

17 81年，人们已经公认太阳是宇宙的中心，并且围绕着它的有六个天体——水星、金星、地球、火星和土星，由于望远镜技术的发展，后来威廉·赫歇尔又观测到了天王星，并将其加入行星列表中。

赫歇尔与我们之前提到过的众多天文学家不同，他直到快40岁时才开始对天空进行观测。不过，终其一生他都以音乐家的身份过活。在赫歇尔投身于这个新的天文爱好十年以后，他发现了一颗行星。这个速度已经够快的了……不得不提的还有赫歇尔从他的妹妹卡洛琳那里得到的宝贵帮助。在观测期间，卡洛琳发现了多个彗星，并于1828年成为历史上第一位获得皇家天文协会金牌的女性。

事实上，在赫歇尔之前天王星就已经被观测到过。然而，它的亮度过于微弱，运行轨道很广且移动速度较慢，以至于很少有人发现它与其他星体之间产生的位置变化，很容易将天王星与其他星体混淆。

赫歇尔之所以可以将天王星与恒星①区分开来，是因为他分别使用了460倍与932倍的不同透镜来进行观测。（请记住，伽利略望远镜在17世纪只有30倍的放大功效。）通过对比，赫歇尔发现，当放大932倍时，天王星变得更大了，而背景中的其他星体由于太过遥远并没有显示出什么差别（如下图所示）。

---

① 这里的恒星，指的是其他遥远星系的恒星。——译者注

虽然赫歇尔并未观测到这个星体的彗尾（彗星运行过程中的气态路径），但他还是认为找到的是一颗彗星，并将其坐标发送给了皇家天文协会的科学家。

这一新发现的消息很快在整个欧洲散播开来，天文学家们纷纷将望远镜对准赫歇尔所观测的方位。不过，人们并没有看到彗星。

俄罗斯天文学家安德斯·约翰·莱克塞尔与德国天文学家约翰·埃尔特·波得通过观察发现这个最新发现的星体的轨道是圆形的，且其范围超过了土星。这也就排除了它是彗星的可能，因为正如我们之前所知道的那样，彗星在围绕太阳运行时其轨道的椭圆曲率是非常大的。

因此，赫歇尔在1783年向皇家天文协会致信，他写道："通过欧洲最杰出的天文学家们的观测，我有幸能够在1781年3月向大家表明，这颗最新被发现的星体，是我们太阳系中的主要行星之一。"

神秘的历史资料

这颗行星在数千年间都没有名字，所以在被发现后人们觉得应该给它冠以一个与之匹配的名字。这个名字要能够代表宇宙的宏伟，要折射出在具备发现这个行星的能力前，数千年来人们在天文学方面的成就……然而，赫歇尔简单地给它取名为"乔治"，这触怒了众人，而他的说辞是：

在被神话思想统治的古代，水星、金星、火星、木星和土星①是根据神

---

① 上述行星分别由罗马神话人物墨丘利、维纳斯、马尔斯、丘比特和萨图恩的名字命名。——译者注

话故事中主要的神灵和英雄的名字命名。而现今是一个哲学思想当道的时代，若是继续采用类似朱诺、帕拉斯、阿波罗或密涅瓦这样的名字来给新发现的天体命名，反而不合时宜。具有特殊性或重大意义的事件发生时，普遍会先考虑其所属的年代。如果在未来某个人问起："这个行星是什么时候被发现的？"回答："是在国王乔治三世执政时期。"这是一个多么合理的说法。

不过，我个人认为赫歇尔此举只是献媚于国王而已。当时，乔治三世每年发给赫歇尔200英镑（在那个年代是相当可观的一笔薪水），让他搬到温莎城居住，以便王室成员可以时不时地用他的望远镜进行观星活动。

幸运的是，"乔治之星"及"乔治行星"的名字并不被大众认可，特别是在英国以外的国家。

面对普遍性的非议，人们提议给这颗行星重新命名。虽然还是有人在名字中加入国家的元素，如"尼普顿①乔治三世"或"大不列颠尼普顿"，候选列表中也出现了类似"赫歇尔或尼普顿"这样的名字，但最终参与证实新行星存在的德国科学家提议命名为"乌拉诺斯"②，这是古希腊神话中萨图恩之子的名字，得到了人们的认可。

---

① 尼普顿，即海王星。——译者注

② 乌拉诺斯，即天王星。——译者注

数年后的1787年，赫歇尔发现了天王星的两颗卫星，并且有一个显著的特征引起了他的注意。在他当时的视角中，"卫星与天王星的赤道形成了巨大的夹角"，但他无从知晓其原因。直到1912年，人们才发现这是天王星的"障眼法"，实际上天王星的卫星们就是在围绕其赤道旋转。

"那天王星是如何使用障眼法的呢？"

前文中提到，地轴有一个23°的倾斜角，这样的旋转角度使得地球上有四季变化。有些行星的倾斜角更大一些，而也有的相对较小。水星、金星和木星几乎是垂直绕太阳旋转的，而其他行星的轴倾斜角大概在25°左右。

但天王星与众不同，它是一颗违背了行星绕太阳公转规则的行星。其轴倾斜角接近98°，这也就意味着，如果其他星体如同芭蕾舞者般绕一个中心优雅地转圈，天王星就是在随意地翻滚。

地球23°　　　　　　太阳　　　　　　　　天王星98°

1. 打扰天王星运行的星体

我们先把上述比喻放到一边，下一个伟大的天文学发现是：1846年，观测到海王星。

"好吧，我都能帮您做全书总结了，无非是某个人看到了一个与天体相关的光点。就是这样。"

这次您可是大错特错了。

自1781年发现天王星以后，天文学家们就一直对其运行轨迹进行观测。然而，得到的结果呈现出了牛顿引力定律无法解释的不规则性。换言之，事先通过公式推算出的天王星坐标与观察到的运行轨迹并不符合。

"那么……我们又要更换理论模型了吗？"

不不不，日心说的模型保持不变。

按照观测数据来看，天王星在其轨道上似乎受到某种微小的作用力，在很短的周期内这种推拉的力使其时而加速，时而减速。天文学家们提出了一系列假设：如牛顿的引力定律在更远距离情况下可能不再有效，或者之前的结果有误差等。其中一个可能的解释尤其令人兴奋：在天王星周围还存在其他行星，其引力场干扰了天王星的轨道（如下图所示）。

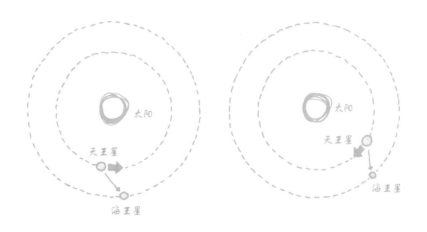

法国天文学家奥本·勒维耶就在进行着关于上述假设的计算工作。他想推算出这颗对天王星产生引力拉扯的行星，其大概的质量和所在位置。由于他的成果并没能引起法国政府的注意，勒维耶又将预测的数据发送到了柏林天文观测站。在那里，人们将弗劳恩霍夫（这位大叔发现了光谱中的不同线条，后面我们会讲到，他制作的透镜也很不错）制造的望远镜对准了指定的区域，不到一个小时，德国天文学家们就在勒维耶推算出的区域附近，偏差不到1°的位置上发现了一颗行星。

然而，这一发现立即引起了争议。

另一位英国的天文学家约翰·库奇·亚当斯认为，他已经在勒维耶之前设法预测出了新行星的位置，证据就在他的计算结果中。据亚当斯所言，他在勒维耶发现这颗行星前已经多次推算过其位置。

我们可以比较下图中六种预测的准确性。亚当斯先生，我唯一能预测的就是您能够自行判断，谁更应该得到海王星发现者的头衔。

▲ 行星位置
□ 勒维耶预言
○ 亚当斯预言

然而，当时法国和英国的关系很微妙，这些问题并没有以完全客观的方式加以解决，因此"争议"一直持续。

为了反映（太阳系中的）这一发现，需要给新行星制定一个名字。有人提议称之为"勒维耶"，为的是纪念其发现者。不过，这个称谓与太阳系中其他行星的命名完全不相符，科学界很快就将其名字改为"海王星"，将使用古罗马诸神名字的这一传统延续了下来。当然，也是因为这颗最新发现的蓝色星球让人们联想到海洋。

这样一来，牛顿定律的有效性再一次被证实。如果之前还有人对该理论及日心说模型心存疑虑，那么现在他没什么理由不改变想法了。

第九章

太阳系有多大：
哈雷彗星及其在地球
周围的探险

167

爱德蒙·哈雷，即"哈雷彗星"一词中所指的科学家。他的一生留下了许多杰出的工作成果，但没能在当时得到应有的认可。事实上，哈雷属于第一批支持牛顿的理论的人。如果哈雷没有认识到牛顿的理论的伟大性质，并坚持要将其发表，作为一名完美主义者的牛顿本人或许根本不会将那些历史上举足轻重的科学论文公之于众。

哈雷提议测量地球与太阳之间的距离。因为虽然行星之间的距离数据是未知的，但是人们已经了解了其轨道之间的大小关系。一旦获得这部分信息，就可以推测其余部分的规模大小。他意识到，日地距离可以通过测量地球与太阳之间的一颗行星的运行轨迹来获得。

我来解释一下这个原理。当金星恰好处于地球与太阳的中间位置时，人们可以对金星展示的轮廓进行观测。遗憾的是，这样的现象十分罕见，一个世纪内只会发生几次。哈雷通过计算知道，金星将在1761年6月6日和1769年6月3日出现在相应的位置。而他出生于1659年，哈雷就此认为自己可能没办法亲自进行观察并完成所有的工作（这可能需要他至少活到150岁）。

虽然哈雷知道自己不可能完成这一计算工作，但是他提出的距离测算方法可以指导后来者得出最终结果，并且他还指出了一些能够观测到金星完整轮廓的最佳地点。

为了证实通过上述方法测量出的日地距离的有效性，有必要记录下金星运行轨迹与太阳重合的时间。整个过程持续6小时40分钟，最大误差在两秒以内。另外，在金星轨迹划过太阳不同直径高度时，人们必须在地表的多个地方对其进行观察。

在多个观测地点、多人进行观测，可以降低因云层影响而无法观测的概率。

要完成上述工作并非没有危险。因为哈雷标注过的最佳观测地点多位于西伯利亚、南非、北美洲、印度洋或南太平洋等地。当时，要到达如此遥远之处，最高效的交通方式就是乘船……然而那时，船只并非如现在的坚固游轮一般，相反，它们只是普通的小木船。船员们不仅要面对外界的危险，还存在多种疾病、营养不良的隐患，以及海难的威胁。这种行程很可能长达数月之久。

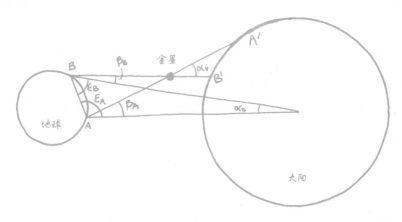

上图代表一种三角学①的计算方法，用以计算出日地距离。不过，在此就不赘述了，因为它实在复杂难懂。

---

① 这种三角学包含三角函数、勾股定理等。——译者注

1. 着手工作

哈雷逝世18年后，来自英国、法国、奥地利的天文学家们首先进行了6次远距离科考活动，于1761年当金星经过相应位置时对其轨迹进行观测，而后于1769年又发起5次远距离科考活动。

在这些工作的推进过程中，除了勒让提[①]未得到数据外，天文学家们在1771年就收集到了必要的观测结果。来自法国的天文学家约瑟夫·拉朗德将这些数据进行对比，推算出日地距离为1.53亿千米，误差大约为100万千米。而实际值为149597870千米，因此在那个时代计算出一个误差仅为1%的结果已经相当不错了。

得知行星间的距离及其环绕太阳一周的时间，就可以计算出每一条轨道椭圆半径的近似值。比如，已知火星需要两年的时间才能绕太阳公转一周，而土星需要29年，那么根据牛顿的运动定律我们就可以推算出火星与太阳之间的距离大约是日地距离的1.5倍，而土星与太阳的距离则为日地距离的10倍。

哈雷首次提出并规划的观测方式，加上后期天文学家们的探险式科考工作，最终将日地距离测算了出来，接下来只需要按照此法将其他行星各自的距离比率做相应的计算，就能够确定出太阳系中每颗行星的相对位置了。

只有这样的研究才能展示出太阳系的宏伟壮阔，在第173页的表格数据中我们才能够感受到太阳与行星之间的距离和它们对于现代（科学研究）的价值。

---

① 法国天文学家，由于战争等原因未能观测到金星凌日现象。——译者注

神秘的历史资料

法国天文学家勒让提的故事值得在这里分享一下，因为他大概是中了历史上最恶毒的诅咒。如果以这个可怜的男人的生平事迹为蓝本写一出幽默戏剧，如今的人们就会广泛认可"勒让提定律"而非"墨菲定律"了。

勒让提在1760年同许多天文学家一样，为记录金星凌日而动身去科考。他的目的地位于印度的一个小岛，那个地方叫作本地治里[①]。途中的风向对于船只航行十分不利，他比原计划推迟了5个星期才到。不过，就在他们以为自己终于可以上岛进行观测时，却被告知这个岛屿已经在英法战争中被英国人占领了。因此，勒让提不得不撤退到另一个由法国当局管制的岛屿。不幸的是，他们在金星凌日现象发生时仍在海上航行，由于波浪起伏完全无法进行精确的测量。

而下一次可观测到金星凌日现象的时间是在八年以后，因而勒让提明白这是自己此生最后一次观测金星凌日的机会了。于是，他决定采用最保险的办法，就是一直待在观测地点，直到金星凌日现象发生的那一天。那段时间，他一直在绘制马达加斯加海岸线地图，其间他发现，可以从菲律宾过境前往观测地点。然而，因西班牙当局的原因[②]未能成功。本地治里后来又被法国收复了。他于当年3月来到这里，这意味着他有三个月的时间进行观测准备，然后耐心等待金星的到来即可。看起来，不会再出任何问题了。然而，就在金星凌日的现象发生时，天空中的云彩将一切都遮挡住了，他什么

[①] 本地治里，又译作庞迪切里，印度南部海滨城市，18世纪初沦为法国殖民地，1954年归还印度。境内有一座河流环绕形成的岛。

[②] 当时菲律宾为西班牙占领。

也看不见。

这使得勒让提几近崩溃，不过他还是尽力恢复理智，并决定先回法国。而归国的路途也同样十分坎坷，他患上了痢疾，而且一场暴风雨让他不得不滞留在留尼汪岛，后来一艘西班牙船只经过，将他带回了法国。这时，距离他出发已经过去了两年。抵达巴黎后，他竟然发现自己已经被宣告死亡，妻子也已经再婚并挥霍了他的财产。更糟的是，原本属于他的皇家科学院职位也被另一位天文学家占据了。

尽管遭遇了一连串的打击，勒让提还是重整旗鼓，前去拜见国王，以设法恢复自己的职位。后来，他再婚了。虽说这一生中的种种悲惨境遇差点将他逼上绝路，但最终他还是安稳幸福地度过了最后21年的时光。

行星	绕运行轨道一周的时间	与太阳之间的距离 （以日地距离为单位）
地球（参照物）	1年	1天文单位（UA）
水星	0.2年	0.39UA
金星	0.6年	0.72UA
火星	1.9年	1.52UA
木星	11.9年	5.20UA
土星	29.5年	9.52UA
天王星	84年	19.20UA
海王星	164.8年	30.08UA

当然，这些数据并不精确。因为在计算过程中，科学家们将轨道当作普通的、没有任何倾斜角度的圆形。不过，这些数字已经与实际值相当接近了，并且足以描绘出太阳系的大体规模，如下图所示：

2. 天际的尺寸

前文中提到，人们之所以能够在天空中辨识出天王星，是因为它相比于其他星体与地球的距离要近得多。因此，当我们在地表两个不同的位置观察同一颗行星时，会发现根据其周边所围绕的星体的变化，有些东西是在移动的。

另外，自从推算出了精确的日地距离，人们仅凭三角学中的理论公式就能够知道某个物体与地球之间的距离。

有一个简单的方式可以模拟这种测量方法。大家可以举起胳膊并伸出大拇指，每次只睁开一只眼睛看着手指，当改变左右眼睛时，会发现似乎拇指的位置相对于背景中的物品来说改变了位置。若已知双目之间的距离和目光末端处拇指的两个相对位置，我们就可以绘制出从两只眼睛到两个相对位置之间的两条直线，而交叉点即为背景中物体的位置。再通过简单的三角学公式推算，就可以得出我们与该物体的距离。

当然了，在日常生活中我们的大脑会自己进行估算，并不需要走到哪里都举着大拇指。然而，这一类推法是有道理的：日地距离的数据确实让人们仅仅凭借三角学中的理论就能推算出地球与其他星体间的距离。

天文学家们只需要在地球绕太阳运行轨道的两端去观测某一颗星体的位置即可。在任何一端所做的观察都相当于上文简单实验中闭上一只眼睛观察物体的做法。已知日地间距约为1.5亿千米，那么轨道上最遥远的两端之间应该相距3亿千米。利用这一数据，以及在两个位置上观测到的星体的角度偏离值，就可以通过三角学中的理论计算出地球与该星体间的距离。

当然，完成这项工作需要一个巨大的望远镜来观测在轨道两端所看到的星体相对位置的变化。如果没有相应的设备，这段位置变化很难被记录下来。

由此，只要市场上出现了更加先进的望远镜，就可以使用它来测定地球与其他恒星间的距离。第一次利用恒星视差来进行测算的是弗里德里希·贝塞尔。他于1838年计算出恒星天鹅座61与地球之间相距11.41光年[①]，即66万个天文单位，980亿千米。

之前我们讲过的拇指测距法（跳眼法）是有局限的：那就是双目之间的距离。如果在面对一座遥远的山峰时，您希望可以用这种方法来测量距离，首先会被旁边的人当成傻瓜；其次，您会发现左右眼在单独观测时看不出任何位置的变化。

这个问题在天文观测中同样限制着人们对一些恒星的观察。（跳眼法中）每一只眼睛都相当于（恒星视差法中）地球在运行轨道两端的坐标。因此，就像我们双目之间的距离有局限一样，尽管轨道两端相隔3亿千米，也有其限度。使用这种天文观测方法，是无法测算那些326光年以外的恒星与地球的距离的。一旦超越这个限度，人们就无法分辨物体的远近，即使测量周期间隔6个月，也无法察觉任何位置变化。

不过，这样的错误确实没什么意义。重要的是，一颗与地球相距960亿千米的恒星，这是前所未有的距离概念。为了能够让大家更客观地看待这一数字，我们就来看看随着时间的推移人们对于宇宙大小的认识有何变化。

[①]　11.41光年，原文如此。一些资料显示，贝塞尔计算出的恒星天鹅座61与地球相距10.4光年。——编者注

希帕克斯曾经在公元前2世纪计算过日地距离，他得出的结果是地球半径的1200倍。那时，天文学家埃拉托斯特尼已经计算出了地球周长的精确数值，姑且认为希帕克斯估算出的日地距离为700万千米，这个数字与1.5亿千米相去甚远。后来，托勒密将这一数值又增加了一些，他得出的计算结果是地球半径的1500倍，即900多万千米，同样是错误的。

至于地球与其他恒星之间的距离，远古时代的人们甚至无法想象如何去测量它。阿里斯塔克曾经假设过，其他的恒星也如太阳一般，位于很遥远的地方。他对于地球围绕太阳旋转这件事深信不疑，阿里斯塔克这样的思想基于一个事实：如果其他星体距离地球也比较近的话，我们应该能够观察到它们在运行轨道上的移动。不过，正如我们所看到的那样，当时没人把他说的话当回事儿。

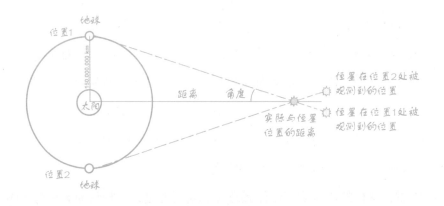

2000年后，伽利略在书中写下了几乎一样的理论，并且在其中大肆嘲笑信奉地心说理论的人。他可能比阿里斯塔克博得了更多的关注。

在探索周围世界的旅途中，人们终于在测算地球与其他恒星之间距离的方向上有了突破。而得到的庞大数字也是出乎所有人的意料。不过，我们稍后将会看到，这只是一系列发现的开端，而这些新发现会让人们越发意识到自己相对于整个宇宙的渺小。

第十章

光速与恒星结构

177

何为光的本质？这一问题一直吸引着天文学家们，特别是在文艺复兴时期。一般来说他们分为两派：一派为那些捍卫光速有限理论的人；另一派为那些认为光线是在瞬间从一个位置到达另一个位置的人，对他们而言，光速即是无限的。这一纷争在17世纪末得到解决。

总的来说，在17世纪以前，从没有人真的认为光速是有限的。比如，一个人若是在山谷间大声喊叫，我们会注意到回音需要一小段时间才能传播到我们的耳朵里。或者，在暴风雨来临时，大部分情况下人们会先看到远处的闪电，几秒钟后才听到雷声。然而，人们从未观察到光线有相同的特质。毕竟，在日常生活中，没人会说："等一下，我觉得这束光线可能延迟一些抵达我的眼睛。"那么，为什么会有人提出质疑呢？

伽利略提出了不同意见，他认为光的速度是有限的，是能够测量出光所需的传播时间。因此，他发明了一个非常简易的家庭自制实验来计算光速。

伽利略和他的助手各自拿着一盏被布罩住的灯，两人分别站在相距1.6千米的山顶上。当伽利略拿开灯罩后，助手一看到山上的亮光即刻将自己手中的灯罩掀开。通过这种方式，伽利略得以"测定"光线到达对面山峰并返回所需的时间。

他从而得出结论"光速若非无限，它亦快得非同一般"，并且至少是声速的10倍。当然，他错得不能更离谱了。

现在我们知道，光速以接近3×10^5千米/秒的速度传播，这意味着伽利略和他的助手在实验中的距离，光可以在5×10^{-6}秒内通过。作为对比，我们脑中的神经冲动穿过神经的速度是100米/秒。

当助手看到伽利略手中的灯亮起来时，他的视神经要先将这个信息传递给大脑，同时大脑由神经系统向手部发出信号命令其把灯罩掀开。这个过程所费时间是光走完实验中相应路程所花费时间的5万倍。而伽利略的神经系统要观测这一实验，就有着同样的延迟。这样一来，我们就能够理解为什么伽利略的实验不具备任何效力了。不过，这个提出质疑的过程至少让人们对以前认定的某些事情产生了思考。

1. 一次偶然的发现

事实上，那些最初让人们察觉到光速有限的迹象都是在偶然间被发现的。

16世纪70年代，望远镜的应用使得人们可以在行星"冲日"时，即行星与太阳分别位于地球轨道两侧时，对其进行观测。当然了，在白天由于太阳的光线过于明亮，可以覆盖住任何其他行星经反射后的光亮，故而观测活动一般在黎明或黄昏时段进行。这使得该行星在一年的大部分时间中都能被看到（如下图所示）。

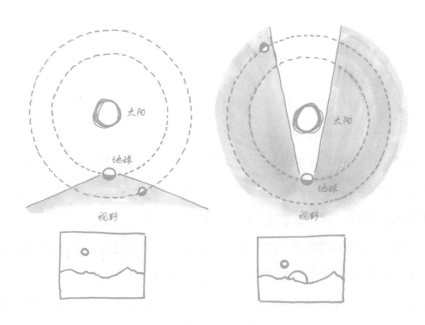

不过，天文学家乔瓦尼·博雷利与乔瓦尼·卡西尼对木星进行观察后带来了新的问题。他们在地球处于太阳与木星的中间位置时观测到了木星的四颗卫星。两位天文学家使用了比以往任何计时系统都精准的摆钟来测定每一颗卫星绕木星一周的时长，分别是：1.77天、3.55天、7.15天和16.69天。

半年后，"木星冲日"现象发生，上述两位天文学家再次对木星卫星的公转周期进行测量……他们惊讶地发现，此时卫星们环绕木星的运转周期比之前延迟了17分钟。这太奇怪了，博雷利与卡西尼又等了6个月的时间，在地球、木星、太阳三者的相对位置恢复如常时测量卫星们的公转时间，又得到了最初的数值。"这是哪门子的巫术？"两位天文学家百思不得其解。

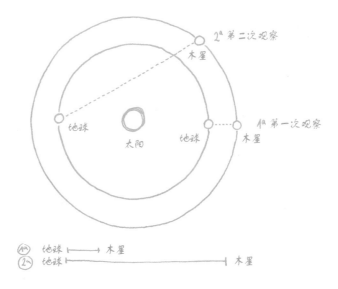

这其中的时间差只能证明一件事情：在6个月的时间前后，木星与地球之间的距离发生了变化，那么光就不可能是瞬间越过相应空间的。那时候，天文学家们推测其中17分钟的时间差是因为在地球与木星距离更长时，光在多出的路程上花费了更多的时间。

博雷利与卡西尼若是知道地球与木星之间的距离，就能够用简单的除法计算出光的速度。不过遗憾的是，此时距离人们通过"金星凌日"现象研究出测量太阳系的尺寸方法还有100年的时间。

2. 测算光速

数据的缺乏并没有阻止丹麦天文学家奥勒·罗默对光速的探索。他在1676年尽可能地用最接近实际数值的地木距离推算出了光速为2.14×10^5千米/秒的结论。

这个数字比真实数字要慢28.66%。不过，这个结论至少表明光速的确很快，人们之前把它认为是无限大的也就不足为奇了。

接着，惠更斯重新测算出光速为2.09×10^5千米/秒。而后，经过牛顿的测算，又将这一数值提高为2.49×10^5千米/秒。

根据现代科学测算出的实际数值，光速大约是3.0×10^5千米/秒，或者更精确地说是299792千米/秒。

这一发现具有更深层次的含义：如果光并非瞬时移动的，就意味着光线是在延迟了一段时间后才到达眼睛的。也就是说，我们所看到的是一个有所延迟的世界，那些看似发生在眼前的事情，其实已经是过去时了。当然，光速相对于日常生活来讲是异常迅速的：光以3.0×10^5千米/秒的速度运动，您也就看不出本书反射到自己的眼睛中的光线是延迟的。不过，在距离非常遥远的情况下，这一现象就能被观察到。月球反射的光线需要1秒钟到达地球，而太阳发出的光线则需要8分钟到达地球。因此，我们所能看到的月光是1秒钟以前发出的，我们所能看到的阳光则是在8分钟前发出的。

然而，就像迄今为止其他不同于人类直觉的发现一样，光速是有限且异常快速的，这个事实在当时并没有立刻被众人接受。

3. 光行差

在丹麦科学家奥勒·罗默发表其观点的半个世纪后，天文学家詹姆斯·布拉德利根据星体间的"光行差"，首次对光速进行了严肃估算。光行差这一天文现象，指的是从一个运动中的物体上，如地球，去观测其他星体时，会由于观测者自身的运动方向而看到相较于同一时间、同一地点静止的观测者观察到光的方向有偏差的现象（如下图所示）。

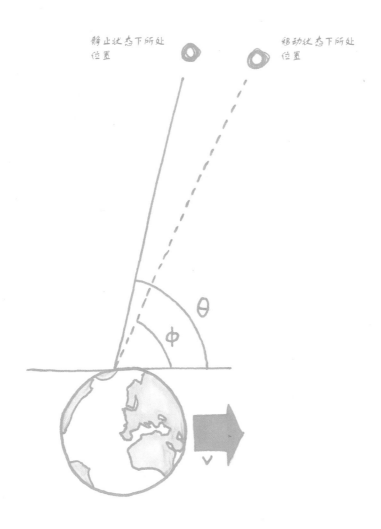

为了更加具体地理解这一现象，我们可以类比人在雨中的情景。如果人静止不动，那么雨滴就是垂直落在身上的。然而一旦人跑起来则会感觉雨滴是倾斜成一定角度下落的。移动的速度越快，雨滴的倾斜角度越大。

　　在估算了地球围绕太阳公转的速度（因为在不知道日地距离的情况下，是无法得出这一数据的精确值的）并测量出太阳光到达地球时由于光行差造成的偏离角度后，布拉德利计算出光以3.08×10^5千米/秒的速度运行，该结果与实际数值3.0×10^5千米/秒已经十分接近了。

　　而要在完全可控条件下测量出光速，还要等到1862年。这年，法国物理学家莱昂·傅科测算出光速为299796千米/秒。这次的误差只有4千米/秒！

　　"够了！我想听您讲天文学的知识，不要总是围绕光的话题说来说去了！"

　　好吧，好吧……不过理解什么是光很重要，这有助于了解后来的人们是如何发现宇宙的组成与结构的。

神秘的历史资料

最初，为了解释人类眼睛可以感知光线的原因，恩培多克勒提出了奇异的理论。他认为眼球中存在火，是这个火光照亮了周围的环境，让人们能够看见东西。

这个看似丝毫站不住脚的理论一直到公元1000年才被推翻。当时，一位名叫海什木的阿拉伯思想家拿出了坚实可靠的证据，表明上述理论是毫无意义的。他将眼睛的功能与暗室中透镜将外部景象反射在墙壁上的效果进行类比。海什木认为人之所以有视觉是因为光作为一种粒子，照射在物体上后又反射至瞳孔中。

为了尽量不让您感到不耐烦，接下来我们将光学话题与天文学联系起来。

4. 星体是由何构成的?

前面已经说过，牛顿一直在研究太阳光，并发现其透过棱镜可以被分解为彩虹中包含的几种颜色。这是一个奇异而富有美感的现象，并且随着时间的推移，光学在天文学中被更广泛地运用，可以通过它去探究星体的构成。

约瑟夫·夫琅和费在1814年发明了光谱仪，该仪器中安装有极高分辨率的棱镜。通过光谱仪可以研究那些来自不同光源的光线透过棱镜所产生的光谱。

夫琅和费使自然火发出的光线穿过光谱仪来检测试验效果。火光被分解为彩虹中所包含的光色，然而特殊的是，在橙色色调的中间出现了极为明亮的一条线。

这时他灵机一动，认为一定有某个原因来解释检测出的火光特殊的光谱图。于是夫琅和费将光谱仪指向太阳，看看太阳光线的光谱是否也会出现类似的橙色亮线。出乎他意料的是，太阳光线的光谱图并没有太大不同。虽然没有出现与火光光谱相同的橙色条纹亮线，但是有遍布各个色调的574条暗线。

不幸的是，夫琅和费并没有足够的时间来探究这些细节。在制造透镜的那段日子，他与许多其他玻璃厂工人一样，由于长期暴晒在含有重金属的蒸汽中而慢性中毒，最终于1826年逝世，终年39岁。

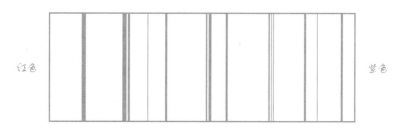

红色   紫色

十八年后的1844年，罗伯特·本生试图展开对加热金属盐后其不同火焰产生的"放射光谱"（该专业词汇用以描述彩虹色的线条图谱）的研究。本生得知，在燃烧不同种类的化合物时，它们各自会发出不同颜色的光，这种特性可以作为不同金属盐之间的区分标准。

不过，本生遇到了一个问题：要如实观察每种金属盐燃烧时的火焰颜色，就必须确保火光仅来自实验材料本身，而非来自其他引火材料。

本生意识到，若想获得不受任何变量影响的金属盐火焰，就需要一种完全不可见的火焰来引火。在前人其他设计的基础上，本生在1859年发明出了一种燃气装置，其火焰非常洁净，温度很高而且颜色透明。如果各位还保留着中学实验课上的记忆，就会想起来这就是著名的本生灯。

本生灯的火焰温度可以达到800℃，非常便于在家中使用：只需要一根管子，就可以产生可调节的透明火焰，不需要烤箱或其他会让屋子里乌烟瘴气的固体燃料。这是历史上第一个完全可操控的火焰装置，可以满足不同实验对热源的要求。

本生的好友，物理学家古斯塔夫·基尔霍夫意识到，利用本生灯装置的原理可以研发一种新型光谱仪，在实验过程中过滤掉外在环境的光源，减少外因对最终观测结果的影响。这样一来，它们可以使用新型设备，以更高的精度来研究夫琅和费前期在光谱中发现的暗线。

两位科学家继而开发出了这种分光仪。将一束光投射到暗盒内，这样周围的光源便被阻挡在外，不会影响实验材料的光谱图。

设备就绪后，他们便开始着手不同元素及化合物的分析工作。本生先使用新型引火器加热普通的食盐样品，发现在光谱中的黄色区域有黑色的线条。第二天，他又使用锂做了同样的实验，这次在绿色、黄色、红色和蓝色区域重复出现了黑色的线条。就这样测试了多种不同物质后，本生观察到每一种元素或化合物在光谱中出现黑色线条的位置各有不同。

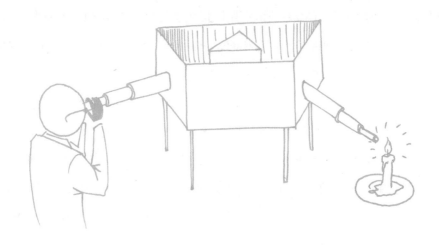

当他的好友基尔霍夫得知这一实验结果后意识到：先前夫琅和费的太阳光光谱中之所以在各个颜色区域都出现了暗线，是因为太阳中的化学物质在燃烧时产生了这些光线。比如，在太阳光光谱的黄色区域中也观察到了黑线，与燃烧锂后得到的光谱相同，这就意味着太阳大气中存在锂这种物质。

为了验证这一假设，本生与基尔霍夫将太阳光经过本生灯的火焰后投射到分光仪的暗箱中，而后在火焰上加热盐，发现盐燃烧后产生的光谱与太阳光光谱中的某些线条完美重合，这也就证明了构成太阳与其他恒星的物质都能够在地球上找到。

在一封写给好友亨利·罗斯科的信中，本生解释说他与基尔霍夫不分昼夜地进行实验，在火焰中引入了他们能在手头找到的所有物质，以完成一个目录，用来比较不同材料之间光谱的区别，然后对太阳光谱中存在的574条暗线进行对照。最终两位科学家在1859年发表的著作中写下了这样的结论："太阳光光谱中那些并非由地球大气物质造成的暗线是由太阳炽热的大气中存在的物质引起的，而这些元素的光谱图中明亮区域的位置是一致的。"

这个发现给哲学家奥古斯特·孔德一个很好的教训，因其在1842年曾表示："在所有的物体中，我们对于行星的了解是最单一的。虽然现在可以确定它们的形状、质量、运行轨迹，以及它们与地球之间的距离，但是人类永远不可能了解到一个星体的化学或矿物结构，更不用说它们表面有组织性的生物了。"

那时，人们已经在太阳光谱中发现了574条暗线并识别出了部分物质。而今，在两个世纪的技术改进后，我们已然了解了成百万计的元素。

神秘的历史资料

这种识别新元素的方式十分有效，人们还在太阳上首次发现氦气，而非地球。天文学家诺曼·洛克耶和化学家爱德华·弗兰克兰德在太阳光光谱的黄色波段中发现来自钠元素的两条线之间，出现了一条未被识别的线。天文学家爱德华·弗兰克兰认为它来自一种未知的元素，并将其命名为氦气，这个名字来自古希腊人对太阳的称呼[①]。直到1882年，物理学家路易吉·帕尔米耶里在分析来自维苏威火山的一块熔岩样品燃烧光谱时，才第一次在地球上的物质中检测出氦元素。

直到发现氦元素，人们才有可能了解到构成太阳的物质中90%是氢气，10%是氦气，以及其他比重相对大一些的元素。

光谱学说彻底改变了人们对天空的认识与研究。几千年来，我们为那些天空中的亮点着迷，撰写无数传说。而从这一刻起，人们清楚地了解到夜空中的星体到底是由何构成的。此外，这些新发现也意味着天文学家们的角色开始发生变化。为了破译宇宙中的秘密，仅仅研究天体的运行轨迹已经不够了。以前由于牛顿定律，物理学被纳入天文学范畴，现在化学也开始在这一领域发挥作用。

您现在是不是觉得了解一些光学知识是有帮助的？

[①] 氦气，英语单词为Helio，希腊语中"太阳"的单词为Helios。——译者注

第十一章

太阳并非宇宙中心，星体也并非我们所想的那样安分

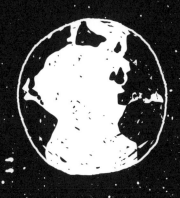

现在大家已经了解到，光可以帮助我们研究星体的化学成分，但光的本质并不为人所知。换言之，通过分光仪，我们可以对一些不同的颜色和深色线条进行解释，但不明白这种现象的成因是什么。

事实证明，一部分答案就存在于那些相互吸引的神秘石块中。这种物质自古以来就为人所知，我们现在称之为磁铁。

纵观历史，人们始终围绕着"光的本质"这一话题进行争论，并有着深刻的思考。而现存的学说分为两派：一边认为光是一种波，而另一边认为光是一种粒子。

虽然古希腊的哲学家们自己并没有意识到，但他们在两千多年前就已经开始了辩论：亚里士多德提出光是空气中的一种震动物质，而德谟克里特则捍卫粒子学说，他认为宇宙中的一切物质都是由不可分割的微小粒子构成。

19世纪，苏格兰物理学家詹姆斯·克拉克·麦克斯韦对"什么是光"这个千古谜题进行了解答。

神秘的历史资料

麦克斯韦还证明了土星光环不可能由固态物质构成。因为在这种情况下，该环状物会因为运行不稳而破裂。他由此推断出环绕着土星的是由颗粒物质组成的圆环。这一假设直到1980年才得到广泛认可，当时的"旅行者"号太空探测器经过土星，证实了麦克斯韦的理论。

麦克斯韦从小就表现出前所未有的好奇心，他在14岁时就撰写了自己的第一篇科学论文。其中，他设计了一种用于绘制几何图形的装置。后来，麦克斯韦对光线的研究产生浓厚兴趣，并在24岁时发现了白光由红、蓝、绿三色光组合而成。任何人都可以在家里尝试这个实验，您只需要制作一个由上述三种颜色组成的圆盘，再添加一个轴，就可以使其像陀螺一样转动。在圆盘快速旋转的过程中，我们将观察到上面的三种颜色如何渐渐消失，最终变为白色。

1. 光的本质

麦克斯韦后来与年长其40岁的教授迈克尔·法拉第结识，后者发现了电磁感应。

"您又开始说难以理解的术语了。"

这个词乍一听似乎很复杂，实际上它是一个很简单的概念。当导电性材料（如铜或铁）受到强度或大或小的磁场影响时，其中会产生电流。反之亦然，电流也能够在周围产生磁场。

事实上，这也是高压电缆一定要被仔细分地放置的原因。通过电缆内部的电流会在其周围产生磁场，而该磁场范围内的其他电缆的内部则会因此而产生额外的电流，影响设备正常运转。

您对具有代表性的磁场示意图一定很熟悉，在一个具有磁性物体上，一系列的线从一端指向另一端。若是将铁屑撒在一块磁铁的周围，就能观察到这些碎屑围绕磁极分布出的线条。

如果我们在一个导电材料周围移动这个磁场，那么该导体中的电子会移动，从而产生电流（实际上，这就是一种电子流）。

麦克斯韦投入一段时间进行电磁铁系列实验，并试图描绘其行为。后来在1861年，他发表了一篇名为《论物理力线》的论文，其中论述了电磁效应的公式，并且解释了因磁铁周围磁场而在电缆中产生的电子流是如何进行波浪式传播的。由此，麦克斯韦得出结论，认为光和磁是同种物质的产物。而根据电磁感应定律，光是磁场内电磁震动的产物。具体来讲就是，麦克斯韦认为光是同类介质中的一种横向波，也是电磁感应现象的成因。

换言之，光并非如声音那样是由于高低压不同而产生的，它是一种处于电磁场中的波。

"好极了，那么这又说明什么呢？"

嗯，光学这一话题十分庞杂，我们接着往下讲。

将一块石头扔进湖中，会立刻扰乱平静的湖面，因为石块占据了之前一部分水的位置。而液体是倾向于保持一个平面的，因此就会有水向上飞溅，而没有受到足够冲击力向上运动的液体则会向四周散开，以抵消石块带来的能量。

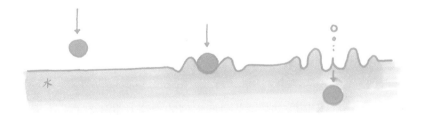
水

当水纹以一种圆形波的形式扩散开后，其横向和纵向的幅度都会迅速衰减，直至石块下落到足够远的地方，先前受到冲击的水浪与湖中静止的水又融为一体。因此，湖中的水浪与波纹只是波在两个方向上传导而自然呈现出的现象。

而当一列波以三维形式扩散时，则会产生球状体，而非一个平面的圆形。声音正是由此形成的，来自周围环境中高低压气峰的交替。这样的气压变化到达耳部，高压的"推力"与低压的"拉力"使得耳膜开始震动。与此同时，大脑也开始对不同种类的振动形式进行解释：振动频率低、气峰宽的是低音，震动频率高且短促的是高音。

然而，当鼓膜振动的频率过高或过低时，大脑也是无法对其进行识别的，也就接收不到任何声音信号。因此，（在音频过高时）即使鼓膜都振动出了火花，我们也是什么声音都听不到。声音的压力波每秒钟的脉冲在15~1.8万次就是人类听觉的范围。

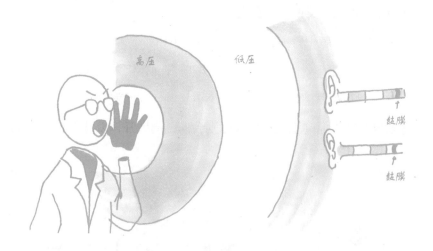

每秒钟脉冲在15次以下的声波被称为次声波，而压力脉冲每秒钟在1.8万次以上的声波就是超声波。这些人类听不到的声音并非不存在，如狗的听觉范围就比我们要广。这就是为什么我们可以安然地处在一个空间中，只听到了鸟鸣和蝉鸣，而身边的小狗像发疯了一般跑来跑去，寻找钻入耳中的声源到底在哪里。

"我不知道您意识到没有，一开始您还在讲光学的话题，现在已经扯到耳朵和狗了。怎么回事？"

正是由于光与声音的传播形式具有相似性，声音是一种在空间中以球体形式扩散的三维振动波。虽然光并非由高低压气峰转换产生，但麦克斯韦发现光随着电磁场中磁场强度的增强和减弱在空间中传播。由此，他认为光是一种电磁波。

如同大脑会将不同频率的声音识别为高音或低音，眼睛也会将不同波长的光识别为不同的颜色，波长越短越倾向于蓝色调，而波长越长则越倾向于红色调。

不过，人类对光波波长是有接收范围的，就如同听觉范围一样。波长在390~700纳米（即十亿分之一毫米）的光波才能被眼睛识别。

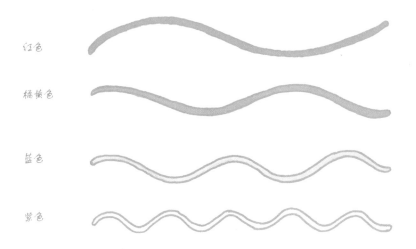

现在我们终于了解了光的本质，可以讲一讲这对于天文学发展的帮助了。

"哈利路亚（赞美上帝）！"

不过……在此之前，我们先来聊一下救护车。

"什么？"

别担心，我们长话短说。

如今我们已经认识到光本质的复杂性：在不同情况下，它会分别表现为波或粒子。而这两种形式并不冲突，这就表明光同时具有波和粒子两种特性。

2. 救护车与多普勒效应

您是否曾经看到过一辆全速行进的救护车飞驰而过？或看过其他带有嘈杂声音的车辆从身旁经过。

那时，您有没有注意到，车辆朝您接近时，其带有的音调是相对较高的；而在您面前经过时就变为正常音调；在车辆远离过程中，其音调则相对较低。

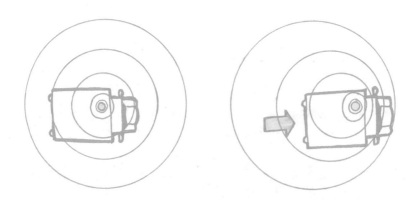

在1842年，还没有救护车或任何一种会发声的车辆时，物理学家克里斯蒂安·多普勒就发现了这种现象的成因，其秘密就藏在声波之中。

正如我们前面所讲，声音由空间中传导的压力波产生，而其波长决定了我们听到的音调高低。由此，当一个移动的物体发出某种噪声时，其前方的声波便会被压缩，这样前面的波段就与后面的波段拉开了一定距离。

多普勒预测，任何一种移动的物体发出的波都具有上述特性。天空中的星体也在运动之中发出光线，而光也是一种波。您大概已经猜到了，前面讲过光的波长与其颜色的关系，由此，星体前方因前进速度被压缩，波段的波长已经变短，光的颜色就会偏向蓝色调，而后方波段由于波长增长偏向红色调。

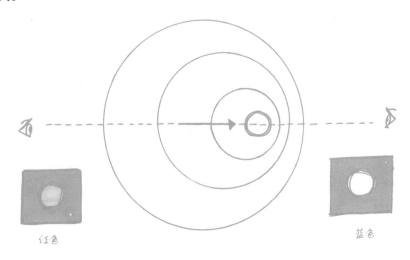

红色　　　　　　　　　　　　　　　　　　　　蓝色

"那么，呈现红色的星体就是在远离我们，而呈现蓝色的星体则是在靠近地球的吗？"

不是的。虽然多普勒最初是这样假设的，但是一个反射白光的星体，其光线要想被观测为蓝色或红色，那么该行星的移动速度需在相当程度上接近光速。幸运的是，事实并非如此。

虽然星体所含的化学物质也会影响其呈现出的色彩，但主要因素还是行星自身的温度。

以金属为例，若是对它进行加热则会看到，随着温度的升高，其颜色会发生变化。在1000℃时，金属会呈现红色；到3000℃时，会偏向橙色并更加明亮；到6000℃，则呈现淡黄色；在继续加热的情况下，金属将发出炫目的白光；而当其温度达到10000℃时，光芒会逐渐变为蓝色。

各个星体也是因上述缘由而呈现不同颜色。温度最高的星体是偏蓝色的，而温度相对偏低的星体则偏红色。而太阳的光芒正是来自其表面的温度：接近6000℃的气温使得构成该恒星的气体处于白热化状态，并向外发出巨量光芒。

3. 移动中的星体

您还记得那些光被分解后得到的图谱上的暗线吗？事实上，前文所说"远离地球时其光线偏红，星体接近地球时其光线偏蓝"是指光被分解后产生的色谱中黑色的线会向不同的两端移动。

例如，我们若想知道恒星相对地球的移动方向，只需要将其散发过来的光线分解，观察光谱图中暗线的位置并进行识别。通常在此过程中，使用的是氢元素。因为……毕竟这种气体占该恒星总质量的90%。

在该星体光线的色谱图中，识别出氢元素对应的线条并检测其位置是否与正常情况存在偏差：若是线条靠近紫色调一侧，则说明该星体正在接近地球；若线条更偏向红色调一侧，则说明星体正在远离地球。

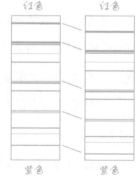

得知暗线在电磁波谱中的位移情况后，可以运用数学方程式轻松计算出该散发出光线的物体运行速度。天文学家威廉·哈金斯于1868年首次运用此法测出了一个星体的移动速度。此结果具有重要意义，因为这不仅使哈金斯意识到天空看似不可以移动，但实则不然，而且帮助他在后来发现太阳不是宇宙中心。

4. 移动中的太阳系

19世纪，太阳即为太阳系中心的观点成为共识。正如前文所述，人们已经认识到了其他行星距离地球十分遥远。而众所周知的是，它们也处于不停移动的状态中。但是行星们到底是在围绕哪一点做公转呢？都是围绕太阳吗？鉴于地球与这些星体之间的距离，以及它们自身具有的与太阳十分相似的化学成分，人们反而难以接受行星全部围绕太阳公转的观点。

当时的天文学家威廉·赫歇尔就不认同太阳是宇宙中心的观点，也不相信其他星体都围绕其公转。他除了寻找到"双星"（即拥有同一互动轨道并被彼此引力束缚的一对恒星）以外，还在1802年推测出适用于太阳系中万事万物的引力定律也同样适用于其他恒星。

不幸的是，赫歇尔在试图寻找依据以证实自己观点的过程中缺乏必要的工具，并在1822年就逝世了。然而，直到1859年本生与基尔霍夫才发明了光谱仪。另一方面，具有观测恒星视差（自地球轨道上不同点观察到的远距离恒星的位置变化）能力的望远镜也是到了1835年才被发明出来。在没有上述工具的情况下，肉眼是完全无法识别出那些遥远恒星位置变化的。那么，赫歇尔又是如何进行观测的呢？

他采取了一个意想不到的方法。

距此大约一个世纪以前的1718年，埃德蒙·哈雷对大角星和小天狼星自托勒密时代起的运行轨迹进行了研究，并在星座图中确认了它们的位置。哈雷发现大角星在两千多年间的位置只移动了1°，而在此期间，小天狼星的位置变化角度更是只有前者的一半。

赫歇尔采取了相同策略来观察其他星体的位移情况，当然其观测结果一定更加具有时效性。除此之外，赫歇尔还借鉴了另外一名英国皇家天文学家约翰·弗兰斯蒂德的工作材料。这位天文学家出生于1646年，毕生投身天文观测工作并记录了3000颗星体的位置。这些材料被赫歇尔视若珍宝，因为自弗兰斯蒂德逝世起，到他再次进行观测时恒星们又各自运行了100多年的时间。另一方面，这些观测数据都在有效期内，亦有助于得到准确的推论。

于是，赫歇尔借用了弗兰斯蒂德的全部资料，用以将弗兰斯蒂德在17世纪观测到的星体位置与自己在19世纪初观测到的星体位置进行比较。

经过大量的比较工作，赫歇尔注意到，天空某一区域内星体们似乎在逐渐靠拢，而在与之相对的区域，另一部分星体似乎在相互远离。

对于赫歇尔来说，结论显而易见。1783年他在自己的著作《关于太阳与太阳系的运动》中写道："太阳正朝向那个星体间彼此分离的区域运动，我们称之为太阳向点，它的位置靠近武仙座附近的织女星方向。"

这一想法不无道理。若是我们在墙上画一些黑点，并从较远的地方观察它们，就会觉得点与点之间非常接近。然而当您向墙的方向移动时，就会发觉它们彼此间的距离随着您的靠近而增加。这就是为什么当太阳系向某一方向移动时，其他星体似乎在向四周分散开来。

不过赫歇尔认为，其余星体自身的运动也是这种现象的部分成因。并且它们与地球应该是朝相同方向前进的，只是速度不同。

也就是说，太阳并非宇宙的中心。

赫歇尔的研究成果并没有立即为世人接受，他不得不等待光谱学的理论对其假设进行验证。毫无疑问，这是一个更直观的、用以测量星体是否在靠近或远离地球的方式。然而，这些谜团直到赫歇尔逝世也没能被揭开。那么，星体们到底是围绕着什么物体运动呢？

第十二章

我们生活在
千万星系的一隅

如果在一个晴朗的夜晚，在远离城市灯光的地方观察夜空，就能看到一条跨越整个天空的漫射状星带。

如果使用望远镜做进一步观察，还能够发现这条星带包含着成千上万的星群。这一景象在伽利略发明第一台望远镜时就已经被观测到了。之所以在地球上空会有这样的画面，是因为我们本身就处在一个巨大的星群之间。这是星体们围绕一个共同的中心旋转而形成一个类似圆盘的集合体。位于一个旋转的星系中，当我们自"圆盘"内向中心方向望去，就能看到星系中其他星体所组成的一条横跨夜空的星带。

银河系

银河系

古希腊人也曾经望天发问，但他们没有望远镜来观测具体的行星，所以并不知道夜空中这一有些模糊的发着光的长条物质到底是什么。不过，还是要尽力找出一个合理的解释才行，这对于古希腊人来说就十分简单了。

故事是这样的：

天神宙斯与一个名叫阿尔克墨涅的凡间女子孕育了儿子赫拉克勒斯。宙斯决定让儿子在女神赫拉睡着的时候偷偷喝她的母乳来增添神力。不过，赫拉醒来时发现了赫拉克勒斯，并将其一把推开。这时，一部分母乳也随之喷溅开来，形成夜空中白色的发光带，后来被称作银河系。

我知道您一定在想："这些古希腊人都在想些什么鬼东西？"不过，相信我，凭这些家伙的想象力，画面还可以更加惨不忍睹。

关键问题是，人们在20世纪以前只能运用可见光来对宇宙进行观测（当然还有我们下一章会讲到的摄影渠道），天文学家们在夜空中发现了大量的漫射性物质，这些发光的云状物质被称为星云。

最初，这些星云十分让人头疼。因为要想在那时的天文界有点名声，最好的办法就是发现一颗彗星。然而，星云与彗星在外形上是极易被混淆的，许多天文学家因此浪费了无数夜晚来观测其运行轨迹。后来，为了避免混淆和节省大家的时间，法国天文学家夏尔·梅西耶编纂了一份星云的清单，记录了他在1758年—1782年观测到的100个星云，并记录下其坐标，以便其他天文学家可以轻易地识别出来。

最初，虽然银河系的这些漫射状星云引起人们的好奇，但并没有被重视。尽管天文学家托马斯·怀特在1750年还曾经撰写了一篇名为《原始理论》（又名《新宇宙假设》）的文章，不过这篇论文在发表时并没有激起什么水花。他在其中描述了银河系中的星体并非在一个无限空间中随意分布。怀特推断这些恒星能够组成一条发光带一定不是偶然，唯一的解释就是银河系实际上是一个巨大的恒星环。

1755年，哲学家伊曼努尔·康德阅读了怀特的这部作品，其中的想法令他十分着迷。康德进一步推测，不仅那些分布在天空中的星云是银河系中的独立"岛屿"，银河系本身在宇宙之中也可能是一个具有特性的独立结构。有赖于康德在那时的名望，他的观点引起了人们的注意和好奇，但仍然需要确凿的证据来验证或推翻这些观点。当然，即使没有明确的依据，也是可以进行部分预测的。

正如怀特所猜想的那样，相比于外圈的星体，银河系中靠近中心点的恒星能在更短时间内完成一次圆周运动，因其运动的圆环周长较小。在星系中的某一动点（如太阳系）对它们进行观察，这一现象则表现为某一区域的星体相互靠近，另一区域内的星体相互远离。

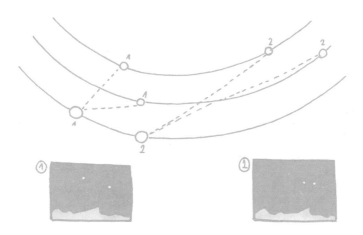

上述推论正好是赫歇尔于1783年观测到的天文现象！这是一个非常有效的证据，说明太阳不仅是移动的，而且太阳系是围绕着"恒星圆环"中心的某种物质在运动。

既然当时没办法搞明白所有的星体到底围绕着何种物质在做圆周运动，人们就将所有的努力都投入破解另外一个谜团的工作中：夜空中可以被观测到的星云是否全都在银河系之内，还是有一些并不位于我们所处的星系？也就是说，除了银河系之外，宇宙中是否还存在更多其他的星系？

这个问题显然很容易解决，步骤如下：

（1）计算银河系的尺寸；

（2）计算各个星云与我们之间的距离；

（3）对比两组数据判断星云与银河系的相对位置。

因此，天文学家们首先要做的就是计算我们所在的银河系的大小。

优先采用的方法是测量出地球与所有恒星之间的距离，并将数据按比例展示在一个三维模型中。这样一来，在添加了足够多的恒星时就可以看出银河系的形状和规模。嗯，是不是有什么问题？当时人们只有恒星视差这一种测量方法，正如我们所知，这种技术有一个最大观测距离。换言之，从地球的运行轨道上，天文学家们只能测量出与我们相距327光年以内的恒星的距离。

如今我们已经知道，银河系的直径是10万光年。这也就是说，用上述方法只能在三维模型中展示出星系实际直径的0.327%。

另外还需补充的一点是，虽然我们可以利用视差，在最大范围内计算出部分恒星与地球的距离，但是恒星表面的明亮程度就如同引力一样，随着距离的增长而呈平方关系递减。这就意味着我们在夜空中看到的较为明亮的恒星在其位置相对较远时，亮度会减弱，使用望远镜也很难做出明确的区分。

虽然之前提到的收集各个恒星与地球距离数据以了解星系规模的方法不错，但是受到恒星亮度的限制。为了能够使用这一方法对银河系的尺寸进行测量，就需要找到一个存在于整个星系之中的、足够明亮的物体。最完美的候选人就是球状星团。

这种恒星群在非常有限的空间之内可以聚集一万到上百万颗星体。因此，相比太阳与其他宇宙中恒星之间的距离，球状星团中恒星之间的距离为其1‰~1%。为了更加具体地解释这一差距，我们以阿尔法半人马座为例，它是离太阳最近的一颗恒星，长度大约是4光年。但若是我们位于某一星团之中，最近的一颗恒星可能仅在1.46~14.6光年之外，抑或是地球与冥王星距离的8.76~87.6倍。好吧，虽然这一数字仍然很庞大，但是在天文学的尺度中这已经相当小了。相比之下，南门二[①]与太阳的距离是冥王星与太阳的距离的8760倍。

---

① 南门二，半人马座中的三合星系统，包含一颗恒星。——译者注

接下来我们继续前面的话题。

构成球状星团的恒星聚集在一起，发出十分耀眼的光芒。即使距离星团十分遥远，也可以在天空无数星体中识别出它们。现在天文学家们已经有了可观测的目标，用以丈量银河系的尺寸，只差去对球状星团所在位置进行探测工作了。

不过还有一个问题：如果星团与地球之间的距离太过遥远，那么用恒星视差法是没办法进行准确测量的。

真是太可恶了，这个宇宙是不是故意在给人类出难题啊！

直到1912年，一位名叫亨丽爱塔·斯万·勒维特的天文学家才提出了上述问题的解决方案。她曾经在哈佛大学的天文台工作，负责审查数以千计的摄影底片，以换取每小时5~30美分的工资。那时，天文台不允许女性操作望远镜。

接下来，在讲述勒维特提出的解决方案前，我想插入另一个话题。

1. 摄影对天文学的贡献

摄影技术的发明极大程度上方便了天文学家们的工作。毕竟，仅仅通过望远镜来记录天空中"亮点"的相对位置并非易事。而且在地球自转的过程中，天体的相对位置也从一侧移动到了另一侧。

如果您曾经有过使用望远镜观察星体的经验，就会注意到任何在您视野中的物体都处于缓慢移动的状态，过一段时间后，就会从原来的位置消失。现今人们已经发明出了带有电动机的望远镜，用以与地球的运行速度保持一致，将所观察的星体控制在视野范围内。然而，最初的那一批望远镜不可能具备上述功能。

在出现第一台照相机之前，需要将天文摄影所需的底片放在一种化学物质中浸泡，使其在光的照射下发生降解。这样在有光线经过时，会在相应区域内留下一个类似灼烧过的标记，可以用于观察该物体的形状。不过这种底片对光并不敏感，需要长时间的照射才能在上面留下一些痕迹。

除此之外，任何角度的偏差都有可能使得光线在底片上留下歪曲的印记：可能是望远镜没有被固定好，或是星体的运行轨迹并没有被准确追踪，那样留在底片上的痕迹就不易于辨认。

世界上第一台照相机是法国的艺术家路易·达盖尔于1839年发明的。由于该设备使用碘化银化合物进行曝光，其生成图片的方法被称为"达盖尔银版法"。不过这个系统对于光照太不敏感了，只能用它拍摄天空中最亮的两个星体：月亮和太阳。除此之外，这种照相机也需要很长时间才能使得光线在底片上留下痕迹。

1851年，法国的一位雕刻家弗雷德里克·阿切尔在碘化银的下面又添加了一层浸泡于酒精和乙醚（化学试剂，并非宇宙第五种神秘物质[1]）中的硝化纤维，由于这种物质对光线更加敏感，曝光效果也更好，这就意味着可以更加快速地记录影像。英国的天文学家沃伦·德拉鲁曾经在30秒内拍摄下质量很高的月球图像。

当然了，即使更新了拍摄设备，要对没那么明亮的星体（如木星或更远处的恒星）进行拍摄还是需要更长的时间。问题在于，这些底片仅在湿润时有效果，一旦变干，光线就无法在上面留下任何印记。

1871年，英国的化学家理查德·里奇·麦道克斯发明了一种干燥的胶性物质以取代碘化银。在这之后，人们终于可以拍摄太阳和月亮以外的星体图像了。当然，使用这套系统也必须选择比较容易追踪其运行轨迹的天体，

---

[1] 因乙醚与以太在外文中是同一个单词，故做此解释。——译者注

因此要保持拍摄对象一直处于底片上的同一个位置，防止最后成片时功亏一篑。

与使用肉眼对星体进行观察相比，天文摄影具有两大优势。一方面，图像在人类视网膜上不会留下任何印记，每一刻的成像都是全新的。而摄影底片可以"积累"一段时间内投射的光线，因此曝光的时间越长，形成的图像就越清晰。当我们仰望星空时，若视网膜也有这种特性，则光线很弱的星体也会在我们眼中随着时间的增长而呈现出越来越明亮、清晰的图像。

另一方面，在底片上留下的影像是一种永久性的观测记录，不用再记下恒星的坐标来比较其相对位置，只需要观察几张不同时段拍摄的同一区域内的照片，就可以看到是否有星体发生了位移（表明有行星、彗星或小行星存在的可能）；有没有出现新的光点（可能是新星或超新星）或两个底片之中的光点亮度是否发生了变化。最后一种情况中的天体就是亨丽爱塔·斯万·勒维特所专注研究并找寻的造父变星。

夜空中散布着的那些星斑的影像乍一看十分微弱，眯起眼睛才能勉强看到。而通过望远镜，人们可以更清晰地观察这些较为模糊的天体。它们聚集在一起时就像是无数漫射光源的集合。

当然，在摄影过程中可以收集到更多光线，从而捕捉到这些模糊星云更多的细节。因此，在延长曝光时间的情况下，可以在这些星团中辨认出一些螺旋状图案，以及观察到某些相较于四周更昏暗的区域。

猎户座大星云就是一个很好的实证，下面这两张相隔三年拍摄出的图片

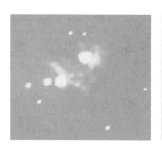

存在一定的技术差异（左图拍摄于1880年，右图拍摄于1883年）：

这些图片有助于人类更好地理解宇宙结构，并且正如我们所见，人们将会逐步发现自己生活的银河系只是浩瀚宇宙中的众多星系之一。

2. 变星闪烁的光芒

明白了这些，我们来继续变星的话题。

亨丽爱塔致力于天文摄影图片的观测和比较，她通过测量恒星之间不同的亮度对其进行编目。1893年，时任天文台主任的爱德华·查尔斯·皮克林委托她进行变星亮度的研究，这些恒星的发光程度随着时间而改变。这个在最初看来微小而机械化的任务，后来成为天文学历史上最伟大的进程之一。

亨丽爱塔注意到，一些恒星的亮度在1~100天的周期内十分有规律地增强和减弱。

到1908年时，她已经对1777颗变星进行了观测并发现了一种非常有趣的模式：这种恒星的最大亮度直接取决于其光线增减周期的长短。换言之，光线变化周期长的恒星，其最大亮度要比那些周期短的恒星亮得多。

"这能说明什么呢？我的意思是某些星体距离地球可能更加遥远，这也会使它们看起来没那么明亮。我怎么知道观察到的亮度变化是由星体自身光线造成的，还是由距离因素影响的呢？"

亨丽爱塔在那时研究的恒星属于麦哲伦云的一部分，我们现在已经知道它由两个非常接近银河系的矮星系组成，甚至有可能是银河系的卫星。这两部分麦哲伦云只能从地球的南半球看到，并呈现为两片漫射状的星群。它们大小不同，因此分别被命名为大麦哲伦云和小麦哲伦云。

总而言之，尽管亨丽爱塔并不知道这两片星云是矮星系，但她通过其紧凑的外观推测其中的恒星与地球的距离大致相同。在这种条件下，亨丽爱塔可以得出结论：恒星之间亮度的差异来自其自身光线的不同，并不受距离的影响。这也让她意识到了那些较为明亮的变星，其光线变化周期要比亮度较弱的变星长许多。

亨丽爱塔在1908年发表了上述研究成果，并在1912年证实了这一推测。通过简单地对数运算，我们可以得知变星基于其光线周期变化而具有的真正亮度（并非从地球上看到的光线，因为距离的原因我们观测到的亮度有所衰减，上述光亮意指恒星本身的亮度）。在已知它们与地球距离的情况下，又可以计算其明亮程度会随着距离的变大而成平方关系减小。

这些都不再是困扰，不过要想将这些长度数据进行校准，还是得知道地球与上述星群中的某一颗恒星的准确距离。我们始终面临的难题是这些星体过于遥远。通过前面的介绍，已知在地球轨道上运用恒星视差技术可以精准测量的最大距离是327光年。

3. 在浩瀚空间内丈量距离

1913年，丹麦天文学家埃希纳·赫茨普龙（要是姓氏中不包含六个连续的辅音，就不是个地道的丹麦人[①]）意识到，太阳系作为一个整体也处于运动状态中，可以测量过一次某变星的位置后，等到太阳系的运行轨迹与地球公转轨道直径距离相等时，再次对该变星位置进行记录，以这样的视差法进行距离测算。

---

① 这位天文学家的姓氏中辅音字母连续且多于元音字母，很有丹麦特色。——译者注

太阳系在银河系中相对于周围其他恒星运行的速度为20千米/秒（其速度的绝对值为200千米/秒），这意味着太阳系每年行进的距离大约为6.3亿千米，是地球绕太阳公转轨道直径的两倍还要多。

虽然上述方法看起来切实可行，但是在当时人们还没能准确理解太阳系在银河系中的运动形态（事实上，也没人知道其实地球与这些变星处在同一的星系之内）。而且，赫茨普龙测量出的数据误差很大。

哈洛·沙普利（这个名字也有点怪①）在1918年重拾亨丽爱塔的研究，不过这位天文学家并没有注意到麦哲伦云，而是对有助于测算星系尺寸大小的球状星团更感兴趣。

此时，研究者内将变星分为两类，它们各自具有不同的特性，即经典造父变星与第二型造父变星，第二型造父变星要比同期的经典造父变星亮度低1.5个星等。

在观测球状星团时，沙普利发现其中包含着另一种新型变星，它的光变周期不到一天，且亮度也远远低于其他星体。

由于球状星团与地球位处同一个星系之内，比麦哲伦云更近一些，于是沙普利使用视差法测算出了星团中一个变星到地球的距离，从而确定了该球状星团的相对位置。

到了这一步，再也没什么能够阻止人类去探索地球在宇宙中的位置了。

根据上述球状星团中变星的亮度变化，沙普利计算出了大量星团的相对位置，并将它们在三维模型中展示出来。他观察到有许多相对封闭的星团似乎在一个中心位置形成一个球体，而远离银河系的银团排列得并不紧凑。

基于这个三维模型，沙普利得出结论：银河系呈圆盘状且直径为13万

---

① 这位科学家的名字在英文中并不常见。——译者注

光年，这一数字比实际值高出了30%。可能在测量过程中，太空中的大量气体，以及某些恒星微弱的光晕模糊了观察视线，以致它们在人类眼中显得更加遥远。1918年，沙普利发表了上述研究成果。

1920年，沙普利与另外一位天文学家希伯·柯蒂斯展开了一场名为"宇宙尺度"的辩论。两人都发表了自己关于天体间相对距离的观点。主要的辩论集中在"银河系尺度"问题上：螺旋状星云到底是在银河系内，还是一个位于银河系之外的独立星系？宇宙是否全部由银河系构成？

虽然两位天文学家都拿出了足够的论据来支撑自己的观点，但他们的发言中都有一部分是错误的。

一方面，沙普利已经计算出了银河系的大概尺寸，并得出了一个正确结论：太阳远离银河系的核心，并环绕该区域旋转。而柯蒂斯计算出的银河系尺寸是前者的四分之一，并且他认为太阳就位于银河系中心附近。

另一方面，柯蒂斯认为一直以来被观测的星云都处在银河系之外，是独立的星系或"岛宇宙"。沙普利不同意这一观点，因为根据他的计算，如果仙女座大星云（而今我们已经知道它确实是一个独立星系）在银河系之外，那么它应该距离地球大约1亿光年（如今测算出的实际数值为250万光年）。沙普利的这一观点也得到了丹麦天文学家阿德里安·范·马纳恩的支持，他声称已经辨识出了螺旋状星云的旋转动态。若该螺旋状星云距离地球如此遥远，那它就应该接近光速旋转，这显然不符合常理。嗯，这是物理学。当然了，范·马纳恩的观测结果被证明是错误的。因为那时，在人类短暂的生命中，是不可能区分出整个星系的旋转动态的。

柯蒂斯据理力争，他不相信上述星云位于银河系范围之内，因为在这片星群中有大量的新星产生，恒星爆炸所产生的光芒异常明亮。如果这些星体在银河系之内，那么为何在其他区域没有随机产生星体爆炸的现象呢？为什么只是在一片星云中有如此高的恒星密度呢？沙普利当然也就此争辩道：

"如果不是因为这片亮度异常耀眼的星群，人们也不可能从地球上观测到它们。"

显然，唯一能够一次性终止这场辩论的方法就是测量出地球与上述星云的实际距离。这正是后来埃德温·哈勃所做的事情。

远超人类想象的浩瀚宇宙空间

借助当时功能最为强大的一款望远镜，哈勃在仙女座等几个星云中也观测到了前期亨丽爱塔发现的变星。根据手头上已有的光线数据，他成功测算出了上述星云与地球的距离。

哈勃测量的第一个星系是巴纳德星系（NGC 6822），得出的结果是与地球相距近70万光年。他计算的三角星系M33距地球大约86.8万光年，而仙女星系则为150万光年。这些数字不是很精确：按照上述顺序，它们与地球的实际距离分别为160万光年、238万~307万光年，以及250万光年。不过，重要的是哈勃望远镜对这些星云的测量结果已经远远超出预测范围。那时，沙普利所测算的银河系尺寸范围最大值为30万光年。

这些数据清晰地表明银河系并没有占据整个宇宙，人们观测到的星云也不在其中。这些分散在不同地方的星群是和我们所处的银河系具有相同性质的星系。后来，随着天文观测设备的更新，人们也发现其实这样散布在宇宙中的星系有数十亿个。

于是，人类这才知道自己只是宇宙中银河系的一部分，而从人们公认这一事实算起，距今只有不到一百年的时间。

哈勃的另一发现同样改变了我们看待宇宙的方式，不过在此之前我们要聊一聊爱因斯坦，因为他的理论打破了人们的部分先入之见。

神秘的历史资料

天文学博士帕梅拉·盖伊既是《今日宇宙》杂志创办人，又是《天文播客》节目主播，他曾经发表言论称："当询问一些学术界人士哪一种科学发现最令他们印象深刻时，较为年长的人一致回答'是星系'。"

第十三章

**重新发现引力：
阿尔伯特·爱因斯坦**

221

几乎没有什么比时间的流逝更加确凿无疑，人们对于时间的认识如此坚定，以至于认为它发生改变是一件不可思议的事。时间不论是在自己的房子里还是在地球的另一端都以相同的速度流逝着。虽然在某些时刻我们感觉时间过得很快，但也只是主观的感知而已，在您生命中转瞬即逝的时刻有可能是他人生活中无比漫长的时段。

不知您有没有思考过，如果那些被认为理所当然的秩序并非真实的存在呢？为何这个世界上所有的人，包括那些对宇宙知识最为抵触的群体，都知道阿尔伯特·爱因斯坦的名字？这一章我们就来谈谈这两个问题。

对爱因斯坦这样一个曾经为人们理解宇宙的方式做出巨大贡献的人来说，存在一些口耳相传的趣闻轶事实属正常。例如，据说他小时候数学功课不好。然而我曾经在某一个专栏里读到过他的自述："我从未停止过学习数学，在15岁以前就已经掌握了微积分与积分的知识。"

爱因斯坦并非数学天才，不过在学校中他得分最高的学科就是数学。并且他也确实没能通过瑞士联邦理工学院的大学入学考试，因为他去考试时比其他学生大概小了两岁，但在数学和科学两门考试中拿到了很高的分数。

之所以有传言称爱因斯坦的数学不好，可能是因为在其理论发展的过程中曾经向一些数学家求教。不过这仅仅是因为他需要用到的数学理论十分复杂，他是一名物理学家，在其职业生涯中并没有像那些数学家一样深入研究过某些理论。

1. 为何爱因斯坦举世皆知？

其实大部分人并不知道爱因斯坦的具体成就，不论如何我们还是来看一下他的工作到底有何特别之处，以至于他能成为家喻户晓的明星。虽然他

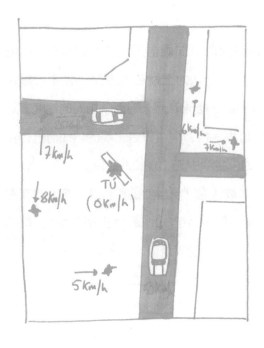

的具体理论研究不为众人所了解，但大多数人还是知道"他是那个提出$E=mc^2$的人"。还有一部分人会说"是爱因斯坦发现一切都是相对的"，后者的认知是最糟糕的。

爱因斯坦的理论表明，时间并非在世界范围内以相同的速度传播，事实上，也并不是在宇宙的每一个角落都存在时间。他的这一想法可以用这句话进行概括：当您的移动速度越快，或所处的引力场的引力越强时，对那些在引力场之外的人来说，您周围的时间流逝得越慢。

"我觉得您可能需要再解释一下这个理论，我并没有理解其含义。"

嗯，您说得对。让我们从头开始讲解吧。首先是理解相对速度的概念。

当人们在大街上的长椅上坐下，就会看到周围快速而过的汽车、摩托车、自行车等，以及那些以大小不同，却相差不多的速度行走的人。

现在，您从长椅上站起来。随意选择一个方向，以6千米/小时的速度行走，当然这个速度也是随机的。这时您看周围的情形会感觉产生了一些变化：即使其他人的行走速度与您相同，但那些与您行走方向相反的人似乎比之前更加快速地远离您，而以此类推，那些与您行走方向相同的人，其速度似乎比之前慢。

您甚至可以骑着自行车，以20千米/小时或30千米/小时的速度穿梭于车流中。那些您曾坐在某处不动时认为移动得很快的公交车，似乎速度也变慢了。因为您正在以相似的速度与其同向而行。这种现象就被称为相对速度。人们普遍把这一现象当作已经内化了的常识，在平常生活中也很少去留意。

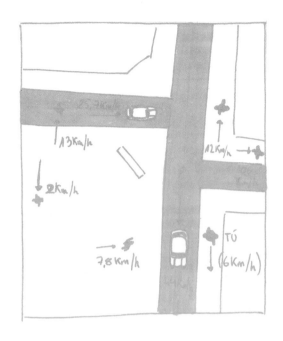

既然我们已经提到了机动车和相对速度，那就再举一个例子。

若某辆车正在以100千米/小时的速度沿着一条路行驶，而另外一辆车与其同向而行，速度为220千米/小时，那么后者则会以120千米/小时的相对速度远离前一辆车。然而其真正的速度是要以静止的物体，如地面或交通雷达作为参照的。

相对速度是指某个运动中的物体，对另一个运动的物体的感知速度。观察者可能是相对静止的，或者是有相对速度的。也就是说，某物体相对于观察者的移动速度亦取决于后者自身的速度。

不过，这一简单的概念却无法应用于光（或任何其他形式的电磁辐射，也可以理解为不可见光）的研究中。

正如我们前文所讲，麦克斯韦于1860年提出了电磁辐射的基本理论，并发现光以恒定的速度运动。虽然其自身速度不变，但是光在不同介质中的传播速度仍然会发生变化。人们常说的没有其他物体的运行速度可以超过光，是指其在真空中的最大运行速度，具体数值为299792千米/秒（为了方便计算，该数字通常四舍五入为3.0×10^5千米/秒）。

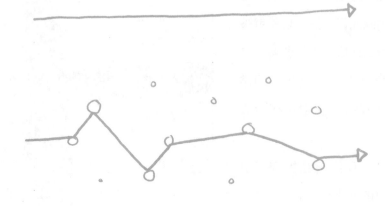

"请等一下，那么，到底有没有比光速更快的运行方式呢？"

实际上，光在非真空的介质中之所以移动得更慢，是因为在其运动路径中有许多粒子，因此光子会与原子不停地发生碰撞。由此产生的弹跳会造成路线延长，也就是说光在此时并不是沿直线行进。

事实上，没有某一束光线比其他光线传播得更快，这种移动就好像宇宙版本的《速度与激情》：所有的光子都以相同的速度移动，且光线以其所在环境中允许的最大速度传播。

爱因斯坦由此产生了一个想法：如果光速是不变的，其传播速度只取决于它经过的介质，那么两个以不同速度移动的人所感知到的光线传播速度应该是相同。

我知道，乍一听似乎没什么道理。

现在举一个例子来解释：请大家想象自己是一个黑帮分子，正位于一辆以250千米/小时行驶的汽车内，并向前发射了一颗起始速度为1000千米/小时的子弹。如果在车上对子弹进行观察，将看到它以1000千米/小时的速度运动，因为我们位于汽车上，本身已经具有250千米/小时的速度。

然而，对一个位于路边的旁观者来说，子弹则具有1250千米/小时的速度。这是将手枪赋予子弹的1000千米/小时的速度与车辆的行驶250千米/小时的速度进行叠加。

不过在相同场景下，子弹变为光束，汽车变为可以以极大速度运行的宇宙飞船，事情就会复杂得多。

假设我们在一艘宇宙飞船中，以20万千米/秒的速度飞行。这时将飞船前方的灯打开，则会看到这束光以30万千米/秒的速度前进。这与上述汽车子弹实验的第一组情况类似。

然而有一个奇怪的现象是：若有一个人也位于外太空，但并不在飞船上，也会看到光束的运行速度为30万千米/秒。若类比前一项实验，这个在太空中相对静止的人应该感知到，光在叠加了飞船20万千米/秒的速度与自身30万千米/秒的速度后，以50万千米/秒的速度前行。可事实并非如此，飞船上与飞船外的两人所观察到的光速一致。

先不要太激动，要想将您的手电筒变为伽马射线枪，其速度确实得非常

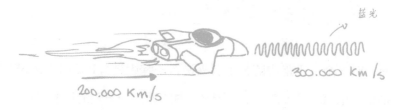

快才行，大概在299789千米/秒，或以光速的99.99899%行进。确切地说，如果想将黄色的光线变为蓝色，其推进速度要达到233451千米/秒……所以，还是换一种方式来征服世界吧。

还要说的一点是，这种光线颜色的变化只能被外侧观察者注意到。身处其中的飞行员所看到的灯光还是淡黄色的光线。

这一现象引发了爱因斯坦的深度思考：为何一个相对静止的人与一个以接近光速行进的人感知到的光速会是相同的呢？唯一可能的解释是，影响两个人感知的某些参数是在变化之中的。

我们对某物体运行速度的感知受到其路程与运动时间的影响，这两个参数之间的关系被解读为"速度"概念。那么，两个运动速度不同的人对"光速"的感受却相同，这可能是由于两名观察者对时间与路程的感知受到了影响。

爱因斯坦非常直观地回答了这个问题：时间的行进速度并非一个普遍常数，它取决于我们移动的速度。

换言之，时间与距离这两个参数并非如我们之前所想的那样绝对。

设想一下，您正站在宇宙中的国际空间站，突然一艘不断加速的飞船经过，它上面覆盖着一个巨大的钟表（这是星际空间内的时尚设计）。在您眼中，这只钟表上的指针会移动得越来越慢，直到飞船达到光速后完全停止转动。同样，您所观察到的飞船中宇航员的所有动作也在变得越来越慢。

与之相对，如果宇航员将目光放到窗外，而您身边也有一只钟表的话，在他眼里的一切也将成为慢动作式的景象。

然而，不论是对宇航员还是对宇宙中的旁观者来讲，他们所处环境中的一切并没有改变。宇航员会觉得自己还是在操作台上正常工作，而他的手表也以正常速度运行。相应地，旁观者对自身周围的感受也是如此。

"等一下，这太奇怪了。如果两个人各自对自身的速度感受是正常的，怎么会看到对方以慢动作移动呢？难道不应该是看到对方快进式的画面么？"

不是的，对于上述假设选择哪一方为参照物并不重要：宇航员与观察者在该场景中有相同的感受，因为对我们来讲，宇宙飞船以接近光的速度在行进；而对宇航员来讲，是外部的宇宙以同样的速度在移动，而非他自己。

神秘的历史资料

相对论中所谈论的现象其实在任何速度条件下都会发生，只是在现实生活中影响并不明显，以至于我们察觉不到这种细微的差别。例如，您驾车以120千米/小时的速度行驶，相对静止的旁观者则会看到您的时间减慢了0.00000000000062%，而您在所处空间内也会对外部世界有一样的感受。若想感知到自身的时间相比于其他人运转快得多，那么就得以每秒几千米的速度移动。也就是说，在日常生活中人们是觉察不到这种现象的。

这也就是为什么每个人看到的光都以相同速度移动的原因之一：同一束光线在两个以不同速度前进的人眼中其速度是相同的，而不同的是人对时间节奏的感知，而非光本身的速度。

我们移动的速度不仅影响着自己对周围事物的时间感知，其间由距离引起的差异也会对视觉造成影响。如果我们在一艘宇宙飞船中以占光速较高百分比的速度行进，就会发现周边的物体在其运动方向上逐渐缩小，而在飞船外的人会觉得我们所在的船体似乎也在缩小。

上述假设是对爱因斯坦的一个非直觉理论的阐释。实际上，这一理论十分有意义：若是我们对某一物体的时间感知由于其高速运动被改变了，而该物体的运动速度保持一致，那么我们对它周围的空间感知也会发生变化。

下面再举一个例子来更好地讲解这个理论。

想象这样一幅场景，在客厅中分别有仓鼠、指挥官和一台电视机。此时指挥官位于一艘飞船内，并以259627千米/秒的速度绕着客厅盘旋。而仓鼠正待在纸板做成的城堡中，静静地观察着这一切。

对他俩来讲，时间以不同方式流逝。因为其中一个静止，另一个的速度达到了259.627千米/秒。不过，正如我们所知，两者所看到的光线移动速度是相同的。正是由于光速恒定，才可以用这一尺度来测定周围事物在他们视角范围内的大小。最佳测量单位是纳秒，指的是光在十亿分之一秒内传播的距离，大概为30厘米。

这样一来，指挥官与仓鼠可以通过纳秒来计算从一点到另一点之间的距离。因此，他们决定尝试测量一下各自对物体大小感知的变化，比如电视。

仓鼠走出城堡，用一束平行激光穿过电视机的侧面，通过观察，激光从一侧到另一侧需要2纳秒。已知1纳秒内光可以通过30厘米的距离，由此可以推算出电视机的尺寸为60厘米。

接下来，指挥官在运行速度为259627千米/秒的状态下重复上述实验。

从他的角度看，只需要1纳秒光束就从电视一侧传播到了另一侧。我们要记住，对指挥官来讲，飞船以外的每一秒钟从他的角度感知都要持续两倍。因此，这样测量出的电视机尺寸为30厘米。

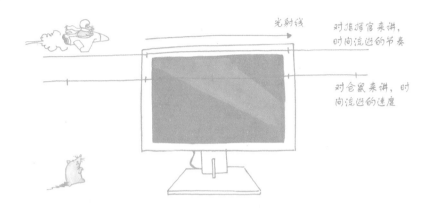

若是仓鼠想用这种方式测量指挥官的大小，也会出现相同的情况。因为对它来讲，自己周围的时间是正常流逝的，而指挥官的速度看起来好像减少了一半。

而且，对距离的感知也会由于某一物体移动的速度而发生改变。通过前文，我们已经知道两个以不同速度运动的人看到的光线是以相同速度传播的。

如果类比日常生活中的例子，就会是如下情况：一个处于静止状态的人与一个以50千米/小时移动的人同时观测一辆以100千米/小时行进的车。若第二个人所感知的时间流逝节奏是正常速度的一半，那么这两人观测到的车辆就是以相同速度行进的。

爱因斯坦将上述理论称为狭义相对论。我们后面会看到，这并非一个不切实际的论断，其推断出的情况在现实生活中都得到了验证。

"嗯，我有一个问题。我曾经在科幻书籍和电影中看到某个人踏上宇宙之旅去做一些傻事时，经过一场短时间的旅行回到地球的家中，却发现他的

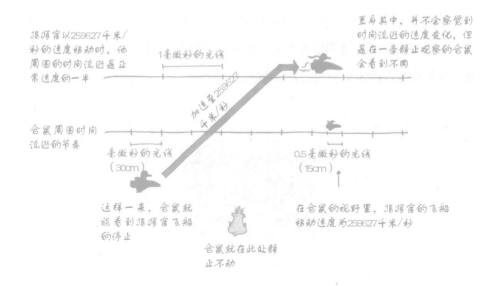

指挥官以259627千米/秒的速度移动时，他周围的时间流逝是正常速度的一半

置身其中，并不会察觉到时间流逝的速度变化，但是在一旁静止观察的仓鼠会看到不同

1毫微秒的光线

加速至259627千米/秒

仓鼠周围时间流逝的节奏

毫微秒的光线（30cm）

0.5毫微秒的光线（15cm）

这样一来，仓鼠就能看到指挥官飞船的停止

仓鼠就在此处静止不动

在仓鼠的视野里，指挥官的飞船移动速度为259627千米/秒

家人和朋友都老了很多，只有自己还很年轻。"

我明白您的疑问了。您想知道，既然我前文说静止与运动的双方会觉得对方的时间移动得更慢些，那么为什么地球上的时间过得比太空旅行者的时间要快呢？

"是的。"

这是一个好问题。

在上述的假设中，我们并没有考虑那些以接近光速运动的物体会迅速地远离那个静止的物体。也就是说，在几秒钟内，前者已经位于数十万千米以外了。为了对其进行观察，我们还需要等待光的到来。下面讲述一个我在《科学美国人》杂志中看到的例子，我很喜欢这个解释，不过还需要以仓鼠作为讲解对象。

这次来想象一下，指挥官停留在地球而仓鼠要以光速60%的速度向宇宙进发，目的地是一个距离我们6光年的恒星。

那么对于仓鼠来讲，飞船之外本来与地球相距6光年的航程只有4.8光年。因此，它以60%的光速行驶则需要8年才能到达目标恒星。

然而，从位于地球的指挥官的角度来看，他与那颗恒星之间的距离并没有发生变化，对他而言，仓鼠无论如何都需要6年时间才能到达。不过，由于其飞行速度是光速的60%，您会发现要到达目的地需要10年的时间。

但是，等到指挥官见证到仓鼠离开地球并到达恒星，已经是16年后了：仓鼠需要10年的时间到达目的地，而光传播回地球还需要6年。如果我们在飞船上放置一个巨大的时钟，当指挥官看到仓鼠到达恒星时，虽然时钟上标记着过去了10年而非16年，但只是因为那是飞船抵达目的地时的画面，额外的6年是一段延迟时间，因为光需要很长时间才能到达望远镜。

也就是说，在观察过程中，指挥官会看到仓鼠在太空完成某一动作需要原来在地球两倍的时间。因为他看到的仓鼠所处的时空，其时间节奏是地球的一半。不过，在飞船返回地球的过程中，两个时空的时间步伐将会逐渐平衡。

当指挥官观测到仓鼠已经乘坐飞船向地球靠近时，仓鼠实际上已经行驶了很长一段时间了，这同样是由于光线的延迟。对指挥官来说，仓鼠只花费了4年就完成了整个回程，他会认为此时飞船所在时空的时间流速是地球的两倍。虽然对仓鼠来说，这一过程将耗时8年。

换言之，当飞船最终回到地球时，对仓鼠来讲已经过去了16年（去程8年，回程8年）。然而对指挥官来讲，却认为它完成了一次20年的太空旅行（去程16年，回程4年）。

"等一下，这些会带来什么后果呢？"

爱因斯坦方程预测出了这样的现象：我们的运动不仅能够改变自身对时间的感知，还会让我们对空间的感知发生偏差。比如，相对一个静止的观察者而言，某个人的移动速度使其感知到时间的流逝节奏慢了10%，那么他所观测到的距离也将相对减少10%。这就意味着时间和空间并非单独存在，而是在同一四维空间中的两种表现形式。

令人意想不到的是，爱因斯坦并没有意识到这一点，论文发表两年后，他的教授、数学家赫尔曼·明科夫斯基开始研究这一理论。由于这一学说的复杂性，很多物理学家都认为它很不直观，需要能够想象出四维空间内物体的行为方式。不过对明可夫斯基等一群数学家来说，他们使用爱因斯坦方程式有一个优势。因为在数学领域内，学者们会经常使用拓扑学来处理问题，而这一理论的特点就是常常需要讨论三维以上的物体。

起初，爱因斯坦并不认为明科夫斯基的发现是真实存在的，他觉得这不过是一种数学技巧。然而，在数学技能有所提高并完成广义相对论时，爱因斯坦意识到自己老师的理论是真实的：宇宙是由时空结构构成的。

2. 引力的变形

这样的观点使得爱因斯坦开始思考引力的本质。牛顿认为它是两个具有质量的物体之间出现的力，可是这种力究竟来自哪里呢？通过何种方式传递？牛顿方程式并没有解答这些问题，只是单纯地提供了一种用于计算其作用效果的方式。

爱因斯坦则提供了一种新的解释方法。如果时间与空间所处范围相同，而所有物质都存于其中，那么引力有没有可能来自这个范围内结构组织的变形呢？

这一假设并不坏，而且后来被证实确实如此。

爱因斯坦认为，地心引力的效果类似于一种向下的匀加速运动，通过简单的想象就可以理解：如果我们站在太空中的某一平台上，远离其他的恒星或行星，它们的引力场就无法干扰我们。在没有任何力量的影响下，我们会飘浮在这个平台上，不会向任何一方伸展。

但是，如果这时在平台下方出现两个推进器，它们以9.8米/秒^{2}的加速度推动该平台，那么它将附着在我们身上，此时身体也与其速度保持一致。我们不会因为这一撞击而被弹开，而是和平台连在一起，因为每一秒钟它获得加速度后都会比人体速度快9.8米/秒。由于我们在这种速度变化过程中始终是落后的，于是身体不会再处于悬浮状态，而是一直与平台接触在一起。

在地球表面，行星引力场的加速度恰好也是9.8米/秒^2。所以一个有趣的假设是，如果我们蒙上眼睛，被直接传送到上述宇宙空间内的那个平台上，其实并不会感觉有任何差异。我们依旧可以行走、奔跑、随意打滚或做俯卧撑。这些是表面现象，最核心的因素是在这个平台上人们需要使用的力量与在地表时相同，因为这两个地方的加速度是一样的。

爱因斯坦由此得出结论：这两种情景是可以视为等同的。

"好吧，我能够理解在相同条件下人们的感受不会有差别，不过在地表加速度并非来自各个方向，为什么人们能够一直在地面上生活呢？"

针对这个问题，到目前为止科学家们所提出的理论中，唯一已经被证明能够对其做出解释的只有牛顿定律。他认为两个有质量的物体间会产生一种无形的力量。然而，这个学说仍有不足之处，尽管在爱因斯坦发表其学术作品前，牛顿定律已经能够精准地描述星体的运行，不过随着望远镜应用的普及，人们运用更加先进的观测仪器观测到了更多天体现象，进而发现了上述理论预测中的小缺陷。

最具论证性的案例就是水星的运行轨道。

3. 水星反常的运动

奥本·勒维耶于1859年首次发现了水星在近日点的反常进动。基于对150年内水星轨道观测数据的分析，他推算出水星每经过一个世纪，围绕太阳公转轨道的近日点就会发生574弧秒（0.159度）的位移，具体如右图所示：

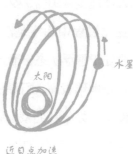

近日点加速

如果我们将周围其他行星引力场对水星的影响考虑在内，那么使用牛顿定律方程式进行计算，其偏差应该为531弧秒，比实际观测结果少了43弧秒。

于是，勒维耶提出了另外一种假设：在太阳和水星之间可能存在着另外一颗小行星，并以罗马神话中火神伏尔甘为其命名，因为这样的位置，必定受到太阳的炙烤。

神秘的历史资料

若想对"伏尔甘行星"表面的境况有一个大致的概念，只需要对比一下水星与太阳的距离即可。两者相距4600万~7000万千米，水星表面最炙热的地区温度可达427℃，而在最为寒冷的地带温度为−173℃。根据勒维耶的计算，"伏尔甘行星"与太阳相距2100万千米，现在您可以想象一下这颗行星表面该是何等炙热了。

然而，人们最终也没能找到"伏尔甘行星"存在的任何迹象，也没能发现任何其他比水星距离太阳更近的星体。勒维耶是上述理论最忠实的捍卫者，1877年他逝世以后，对上述"假设星球"的探寻几乎完全停止了。不过"伏尔甘行星"不存在也是一种遗憾，若是太阳系中有这样一颗行星，其余星体的名字也可以更加炫酷一些，比如说……磁控管[①]，或者何塞·尼普顿[②]。

就这样，水星近日点反常进动的现象成了谜团，直到爱因斯坦提出时间与空间本来处于同一组织结构的假设，并且认为重力可能只是这种时空组织内由于质量引起的一种干扰表现。

[①] 磁控管，作者意指围绕太阳飞行的小行星11626。——译者注

[②] 何塞·尼普顿，作者意指海王星。——译者注

4. 空间扰动

上述假设您一定在某些纪录片中看到过，而这些影片似乎也没能给出真正清晰的解释。在代表时间与空间的网格结构中，当一个物体围绕某个星体旋转时，它只是被困在了后者周围凹陷的旋涡之中。

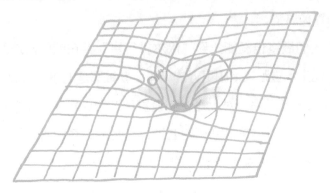

上面的图示并不准确，因为空间是三维的。更加相似的示意图应该如下：

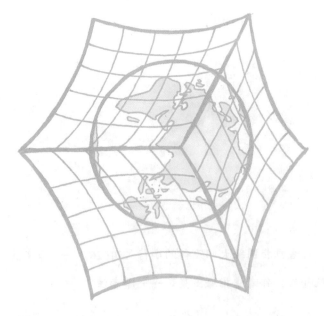

那么，该如何证明我们所处的宇宙中时间与空间实则为同一种物质，而引力不过只是该结构受质量干扰的一种表现呢？

我们回归等效原理[①]来看待这个问题，想象一下之前所在的加速平台周围有四面墙环绕，且两面相对的墙上各有一扇窗户。而在"向上"移动的过程中，有一束光穿过两扇窗口。

在这种情况下，光束进入具有一定高度的第一扇窗，由于平台的位移，其经过第二扇窗时的位置将会有所不同。如果我们能够用肉眼观察到这一过程，就会发现这束光在我们鼻子前面画了一道曲线。

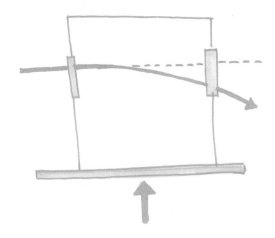

前文提及，在地球上与在该加速平面的情景是等同的，那么在光穿越地表引力场时也应该有微小的偏移。但在牛顿物理学中，只有两个有质量的物体之间才存在引力，而光没有质量，那么它与其他任何物质间都不应该存在力。也就是说，引力是无法让光束发生偏移的。

然而，如果爱因斯坦的理论完全正确的话，地球的引力场与加速平台的

---

① 等效原理，广义相对论中较为重要的引力原理。——译者注

情况等同，那么我们应该能看到光线在较强引力场周围发生弯曲。这并不是由于某种力作用于它，而是因为空间本身的弯曲，光线也只能沿曲线行进。

如果有人观察到引力场中一束光发生了偏转，那就证明它是受到了时空结构中由星体质量引起的扰动的影响。因此，也就能够证实爱因斯坦的理论。

不幸的是，光速太快了，要进行这样的观测需要一个质量足够大的星体在时空结构中产生幅度足够大的扰动，使得光的路径发生偏移。唯一一个具有巨大质量、能够让我们相对轻松地进行研究的星体就是太阳。

假设我们能够观测到如下图所示的景象：相对位置在太阳背面的恒星群，其光芒在经过太阳时偏移了一定角度后到达地球，那么对上述理论的验证就有了明确的答案，我们也可以按时收工，回家吃晚餐了。

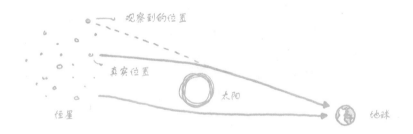

不过，事情往往没那么简单。正如您心中所想的那样，太阳的光芒过于耀眼，一般情况下，怎么会有人能够观察到另一颗恒星的光线在经过太阳时的景象呢？

为此，我们不得不等待一种较为罕见的天体现象，在全世界范围内对其进行观测。这一次，需要等待月亮在日全食期间完全覆盖住它的亮度，以便地球上的人能够看到太阳周边昏暗微弱的星光，并观察它们是否发生了方向的偏移。

幸运的是，仅在爱因斯坦发表相对论后的第四年，也就是1919年，就出现了一次日全食。

　　实验过程非常简单。在日全食发生前几天，世界各地的天文学家们非常精准地推算出了日全食期间太阳背后部分恒星的位置。如果在日全食期间，科学家们在地表上通过观测推算出的恒星位置与上述结果有出入，则意味着是太阳的引力使得这些光线在到达地球时发生了偏移，也就证实了爱因斯坦的理论。

　　当这一天终于到来时，早早驻扎在巴西和南非的两队天文学家拍摄到了持续6分钟的日全食景象。在对这些照片进行详细分析后，同年11月科学家们得出结论，恒星的光线确实因太阳引力而发生了偏转，证明我们所在的宇宙中时空结构会由于重力产生弯曲。

太阳　　　　　　　　　日全食时的太阳

　　望远镜设备的改进使科学家们能够在更大范围内观测光线的偏折现象：一个大质量的星系可以影响来自其他遥远星系的光线，使其弯曲。如果两星系的光线在朝向地球的角度内发生重合，我们在地表上就能够观察到那些发生偏转的光，似乎它们是经过了一个透镜折射而来。因此，这种现象得名为引力透镜效应。

　　现在继续前面的话题，如果质量能够使时空结构发生弯曲，那引力场的强度会不会影响我们对时间的感知呢？

　　答案是肯定的。

5. 时间的相对感知

由于质量引起的时空结构变形也造成时间在其周围的流逝节奏发生了改变，您所在的引力场强度越大，相对于那些引力场之外的人来说，其时空内时间的流速就越慢。

假设您的朋友在月球上，其受到的引力影响是在地球表面的六分之一。但这并不意味着您在地球上观察到的他的行为是慢动作。每个人在其所处的时空都会认为自己是以正常的速度生活。在您观察到或位于相同的引力条件之前，不会注意到各自原来所在的时空中的时间流速不同。

"嗯，等等，您越说越像在说好莱坞大片了。由于太阳的巨大质量而引发光线弯曲是一个事实，不过我们真的有证据能证明：时钟的速度因引力场而发生变化是真实的吗？"

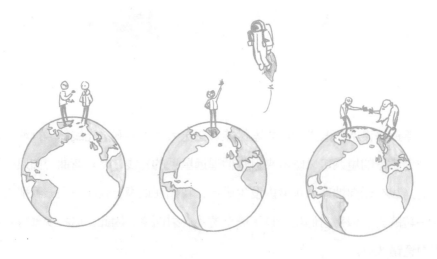

这样的实证有很多，最有说服力的就是1971年进行的哈斐勒基亭实验。其中，有四个原子钟装载于不同飞机上，并且分别朝东西向环世界航行两次。

如果相对论中的理论是正确的，那么在飞机上的原子钟应该比留在地面上的对比样本时间要提前，这不仅是因为其高速运动的缘故，还有在远离地面的高空中引力减小的原因。基于爱因斯坦的理论，人们预测位于向西飞行的飞机上的原子钟时间会提前40纳秒，而向西的那一个则会提前275纳秒。

实验如期进行，当飞机环地球飞行并返回地面后，人们测量了原子钟的时间偏差，发现与前面的预测吻合，也就证实了相对论中的时间扭曲是一个真实的现象，从而再次证实了爱因斯坦的理论。

如果上述实验依旧无法说服您，还有一个更加直观的例子，同样说明了相对论效应对我们口常生活的影响。事实上，通过手机就可以进行观察，因为它就是GPS（全球定位系统）。

6. 爱因斯坦及GPS的功能

GPS卫星网络距离地球表面2万千米，在那里的引力比在海平面处小17%。此外，卫星的运行速度为1.4万千米/小时，大约是3.9千米/秒。

为了在全世界范围内提供导航服务，每当某个GPS设备发射出一个信号，GPS卫星网络中24颗卫星中距离我们最近的四颗就会检测到信号源。当它们在地球静止轨道上运行时，总是对应地表某一个相同的区域，发射出的信号是无线电波。这是电磁辐射的形式之一，因此以光速传播。

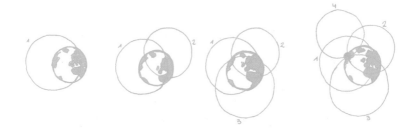

卫星在接收到信号后会将对应信息发送回我们的接收设备。您已经知道波的速度大致相同，约为3.0×10^5千米/秒，这一数据也被编写在了计算机的代码中，以便生成一串信息编码。与此同时，运行在轨道上的卫星可推算出信号是在何时被卫星再次传播出去的。

已知信号在各个卫星中往返的时间后，接受设备就可以计算出其在地球表面的位置，精准度在5~10米。

问题在于，物体的速度及其所在位置引发的相对论效应将使卫星时钟相较于地球时钟每天"提前"38微秒。如果不调整这一偏差，我们的GPS接收器就会将这种情况解释为卫星信号需要38微秒的时间到达，而这个时间会影响仪器对位置的推算。要知道信号以光速传播，而这一误差完全破坏了仪器的精准度，因为在38微秒内信号可以行进11.4千米。

为了使GPS定位系统正常运行，并将误差保持在5~10米，卫星网络就需要确保其发射信号的时间仅有20~30纳秒的延迟，也就是误差只有十亿分之一秒。而前文提到的38微秒相当于3.8万纳秒，是一个不可接受的偏差。在这种情况下，GPS网络卫星在开始运营的两分钟内就会开始出现完全不可靠的定位结果。

幸运的是，人们已经考虑到了相对论效应的影响，并在卫星时钟内加入特定的编程以应对上述情况，这才不会在定位过程中胡乱指挥。

7. 揭开水星的神秘面纱

"这些理论和实证您解释得都很好，可是到底是什么会使水星的运行轨道相对发生偏移呢？"

不好意思，这确实是个重要的知识点。

水星在近日点轨道位置上出现的反常进动，使用牛顿物理学（即重力是两个或多个物体之间出现的引力，是一种不可见力相互作用的结果）是无法完全解释的，而相对论可以。水星轨道背后庞杂的理论与数学运算使得这个问题愈加复杂，但其在近日点出现反常进动的根本原因是由于太阳的巨大质量使得时空中出现扰动，扭曲了原本组织结构的几何形状。

神秘的历史资料

大家都听说过著名的方程式：$E=mc^2$。这个等式表示物体所具有的能量与光速的平方成正比，也表明能量与质量有着密不可分的联系，但并不是说人类是充满能量的精神存在，我们不要脱离背景去理解。

要使一个物体加速，我们需要提供所需的动能。而当这个物体的速度达到光速的较大百分比时，就可以观察到在其本身并没有增大的情况下，质量却在增加。这种在超高速下出现的情况被称为"相对论质量"。

这也是为什么没有任何一个物体可以加速至光速的原因：当它的速度增加到一定程度时，质量就开始增加。这时就需要更多的能量来让这个物体进一步加速，要想使其状态能够匹配光速大小，这个能量是无限大的，而宇宙中并没有无限的能量来源。

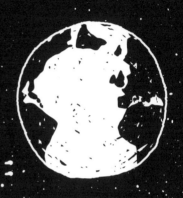

第十四章

着眼于不可见之物

247

正如我们在前文讨论多普勒效应时提到的那样，人们观察到的星体颜色会随着它们距离地球的远近而发生改变。因为在光波较长时，颜色将偏向红色调，而波长变短时则偏向蓝色调。

如果前文的理论回忆起来有点乱的话，就思考一下声音的例子：当声波较长时，音调听起来会更低沉，而声波变短音调则会越来越高。现在我要问您一个问题："当声音的音调变高时会出现什么现象？"

"嗯……当音调升高到一定程度，人们就听不到了？"

非常正确！而且，如果音调持续下降也会出现相同的情况。

就像声波长短与音调高低的原理一样，当一束光线照射在我们的视网膜上时，大脑也会将其理解为不同的颜色，波长较短的光线对应蓝色调，波长较长的光线对应红色调。

然而，既然存在人类听觉无法识别的音频范围，那么电磁辐射也并不只是我们能看到的那些。实际上，肉眼可见的波只占电磁波谱的很小一部分。而我们前文提到过，人类可以观察到的波长范围在390~700纳米，而电磁波的震荡无处不在，大到山峦之间，小到原子之间。

那些波长远远长于或短于可见光波长的电磁波，也可以视为人的肉眼不可见的一种"光"。

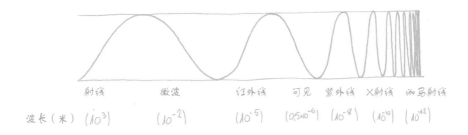

虽然这样表述并不准确，因为根据各种电磁波波长的差异，它们各自具有不同特性。

而对想要探索宇宙的灵长类动物来说就有一个大问题：我们的眼睛只能探测到电磁波谱中很少一部分的波。而这样的可视范围已经能够支撑人类日复一日的生活。事实上，在漫长的进化过程中，随着视觉发展，人类也能够观察到相应一部分的可见光。这足以使我们在这个疯狂的世界中存活下来。

然而，人类还没有进化到可以破译天空中的那些奥秘的程度。在宇宙中，许多天文现象发生时都会释放出我们无法探测或理解的电磁波，所以在仰望天空时，我们错失了海量的信息。

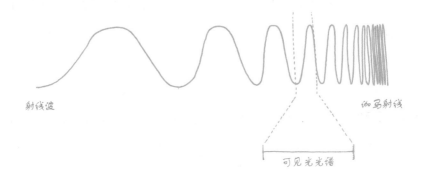

仅仅通过肉眼来探索宇宙就如同试图去穿越一片只有圣诞树上的零星灯光照亮的黑暗森林。这些微小的光芒确实能够让您看到一些前方路径的轮廓，可是它们无法照亮脚下的石头、灌木丛、枯树干……我们还是尽量避开这些会让我们跌倒并摔得头破血流的东西。

1. 不可见光：红外线

19世纪初，有一位科学家首次察觉到了"不可见光"的迹象，这个人就是赫歇尔（您还记得么？他是那个发现了海王星的天文学家）。

17世纪，牛顿曾经发现了白色的光在穿越棱镜时会分解成类似彩虹的七色光，而这一现象到1800年时还没人知道其内在原因。

赫歇尔十分投入地研究这一问题，将不同颜色的半透明玻片放置于光束的传播路径中，并观察到经过玻片后的不同颜色光线温度有差异。他由此推测，上述现象或与温度变化有关。

为了验证这一假设，赫歇尔运用棱镜，将色谱中包含的各种颜色都投射到温度计上，这样就能够测量每个色带温度的变化情况。他很快就意识到，蓝色、紫色区域的光在仪器上测量出的温度普遍低于红色光。

然而，某一位置的温度计在并没有红色光照射的情况下却测量出了一个最高的温度，而这一区域的光并不在光谱包含的光线范围之内。

更加奇怪的是，赫歇尔检查了房间中另外两个用于做对比的温度计，它们是用来监控周围环境温度的。他观察到，上述实验中未被照亮的条带温度确实是高于环境内其他区域的。

这样一来就只剩下一种解释：光谱内在超出红光区域的部分还存在着某种人的肉眼不可见的光线在加热该温度计。

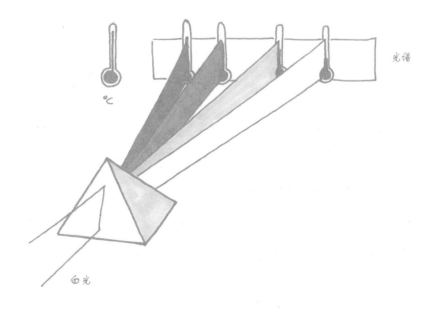

光谱

℃

白光

赫歇尔在这个实验中发现的这条所谓的热射线，后来被称为红外线。这种光线在电磁波谱中超出了红色光区域的范围，因为它的波长更长。

一年以后，人们又意外地发现了另外一种不可见的电磁辐射。

2. 另一种不可见光：紫外线

随着时间的推移，炼金术渐渐退出历史舞台，取而代之的是化学。科学家们致力于不同化合物特性的研究，并将其运用于日常生活中，不再像以前那样，在试图将一块石头变成金子的过程中断送自己的性命。

对化学的研究，带给世人的收获之一是一种白色化合物：氯化银。这种物质在光照下会分解，呈现灰色或紫色。因此，科学家约翰·威廉·里特在1801年开始测试太阳光在经过棱镜后被分解出的不同颜色光线是如何影响氯化银的氧化反应的。这一方法与赫歇尔的实验十分相似，只不过在光谱投射范围内没有放置温度计，而是悬挂了一张浸润了氯化银的纸张，使其接收分解后的所有光线。

里特注意到，氯化银纸中紫色光区域比红色光区域更加迅速地变成黑色，而且更有意思的是，在紫色光之外没有可见光的区域反应甚至更加迅速。

种种迹象表明，这是一种新型的不可见光线，由于它是在化学反应中被观测到的，里特称之为"氧化射线"。现在人们简称其紫外线，因为在电磁波谱中这部分光线在紫色光的外部。

到此为止，人们没有再发现其他不可见光。在太阳光的波谱中紫外线和红外线都已经被人们观测到了，似乎这条"彩虹"又恢复了平衡状态。

3. 微波与其他种类波

然而，又出现了一位科学家：麦克斯韦。如果您还记得的话，他就是那个用数学证明任何一种波长的波都应该存在的人，并且于1865年和1867年预言了微波与无线电波的存在。

赫歇尔和里特之前的研究给这个世界留下了一种新的认识：人们的感官没有办法对客观世界的方方面面都有察觉，如果想看到全部事实，还需要找到除利用自身感觉外的其他方式。

为了能够观测到在麦克斯韦预言中存在的波，德国物理学家海因里希·赫兹进行了相关实验，他需要设计一种能够发射出上述电磁波的仪器，并找到一种合适的方法对它们进行检测、识别。1887年，赫兹研发的仪器成功发射出无线电波，这种波也被探测到了。他还在1888年发明了微波炉。

4. X射线与伽马射线

1895年的一天，德国另外一位物理学家威廉·伦琴正在摆弄着克鲁克斯管，这是一个类似于灯泡的装置，通过它可以传递非常强大的电流，用以发射不同波长的电磁波。那时克鲁克斯管已经问世20年，人们已经注意到其运行时附近的摄影板上会出现一些污迹和阴影。

为了研究这一奇怪的现象，伦琴设计了一个实验。他用黑色的纸板包裹住克鲁克斯管，以隔绝一切外界的可见光、红外线、紫外线等，又在前方放置了一个含有荧光化合物（如果大家感到好奇的话，我可以告诉您们这种物质叫作钡铂氰化物）的屏幕，距离管子1米的距离。当开始运行克鲁克斯管时，他观察到屏幕上发出了微弱的光芒。这表明，有某种类型的电磁波正在与屏幕上的荧光材料发生化学反应。

神秘的历史资料

X射线的得名源于这样的一个故事：当时，人们追随笛卡尔将未知数称为X、Y、Z，时至今日我们仍然沿用这个叫法。由于伦琴根据屏幕上出现的阴影推测存在一种新型的射线，因此就在研究过程中用术语X射线来代指，毕竟这种电磁波也是未知的。

当时，伦琴已经意识到这种电磁辐射可以穿透物体，于是用多种化合物对其进行测试，发现X射线比其他类型的波具有更强的穿透力，只有铅和铂金可以对它进行阻隔。

在观察该射线在不同材料中的穿透力时，伦琴发现它还可以不同的方式穿过人体与骨骼，并建议他的妻子安娜将手放在照相板前，经过X射线照射后，他在摄影板中发现了手与骨骼的影像，从而获得了历史上第一张X光片，就此改变了全世界医学发展的进程。而安娜也成为首个看到自己骨骼的人，所以她发出如下惊叹也不稀奇："我看见了死亡！"

后来，法国化学家和物理学家保罗·维拉尔于1900年研究放射性金属与无线电电波时观测到了伽马射线。嗯，我知道……与其他重大科学发现相比，这个意外可能略显无聊。

就是这样，人类在一百年的时间里发现了电磁波谱中包含的所有类型的波，并且已经可以利用它们来对宇宙进行观测，与找寻那些用肉眼原本发现不了的事实。

5. 我们观测到了肉眼不可见的物质

要将人类发现电磁波谱中每一种波的前因后果都讲述一遍，恐怕本书永远都无法完结了，而且我也觉得这些事情说起来有点无聊。那么，就让我们直接来谈谈科学家们运用那些探测到不可见光的仪器到底发现了什么吧。

如果您对前文关于恒星运动，以及多普勒效应的章节还有印象，就会明白人们观察到的恒星颜色是由其表面温度决定的。星体表面温度越高，其颜色就偏向蓝色调，而温度越低，则越偏向红色调。

这一描述似乎并不那么直观，因为人们都会习惯性地将蓝色与冷、红色与热相联系。然而，到底哪一个的温度更高呢？是橙红色的火焰，还是火炬上的蓝色火焰？好吧，也许不是所有人都了解火炬，我就直接公布答案：火炬上蓝色的火焰温度更高。

事实上，这个分析是有意义的。波长越短，其自身所携带的能量就越大。因此，为了散发蓝色的光（短波），该行星就必须比那些散发红光的星体（长波）具有更高的温度。

"请等一下，我觉得有点儿不对劲。既然偏向蓝色调的光波比红色调的波具有更大的能量，那么在赫歇尔的棱镜实验中，为什么在发现红外线的那一侧温度更高呢？"

前面的内容您还记得很清楚嘛。

事实上，赫歇尔的棱镜实验并不完美。要获得性能十分理想化的实验材料是很困难的，赫歇尔所使用的棱镜作为长波波长的放大镜，已经增加了它的功率。在这个实验中，用水晶替代棱镜会更加合适，这样一来蓝色光照射的温度计应该比红色光照射下的温度计获得的热量更多。

"嗯，这个我同意，您继续讲。"

好的，我们接着讲述。

事实证明，并非只有热到发红的物体才能发出电磁辐射。虽然要让某物体因受热而发出可见光，确实存在一个最低温度点，但是即使不是白炽灯那样的物体，也在发出电磁辐射，它就是人类视觉无法感知到的红外线。

不论一个物体温度有多低，只要有热量的发散就有红外辐射，并且这些光线都可以使用仪器检测出来。

"那么，冰块也是这样吗？或比冰温度还要低的物质，比如液氮？"

我们认为冰和液氮的温度很低，那只是因为人体的温度相对较高。实际上，它们都可以算作热量较大的物质。

"您在瞎说些什么？有本事您先在冬天去海滩上洗个澡，然后再回来告诉我冰块是热的。"

我所说的"热量"是指来自原子、分子运动的那部分能量。这些粒子运动得越快，它们之间的摩擦越多，自然会释放出更多的热量。虽然这个原理我解释得比较简单，但能把意思表达清楚就行。

由于物体的表面温度是其内部粒子运动的直接结果，所以当内部的分子或原子达到完全静止的状态时，该物体就处于最低温度状态，即开尔文零度，或者表述为-273.15℃。

换句话说，我们所感知到的冷热只是基于人体自身温度的一种概念。实际上，由于内部原子与分子或其他或大或小的粒子运动，几乎所有物体都会散发热量，也就是说任何温度高于开尔文零度的物质，从宇宙中的星体到您家的墙壁、石头、云朵、人体、树木等，都会产生热量，从而散发出某种类型的长波辐射。

所以，在完全黑暗的环境中，运用红外技术可以探测出隐藏其中的人。运用相同的原理，红外摄像机也可以用于研究天体：这种设备会捕捉电磁波谱中散发红外线区域的影像，而非可见光区域。由于人体的温度要高于外在环境，因此散发出的射线也具有更大的热量，由此就可以与其他景观区分开来。

若使用红外摄影技术观测宇宙中的星体，就能够探测到那些由于自身温度过低而无法发射可见光线的天体，而且这种情况很普遍。

我知道您一定觉得惊讶，毕竟夜空中的星星那么明亮，也很容易就能够对其进行观测。虽然有些星体距离地球比较远，需要通过望远镜来辅助观察，但是似乎也很难直接忽视它们的存在。

而实际情况并非如此。

6. 各种各样的矮星

在我们所处的星系之中，有85％的恒星是红矮星，其质量一般为太阳的10%~60%，发光度仅为后者的0.01%~3%。这些恒星表面的温度通常在2200~3400℃之间，散发出非常微弱的红色光线。尽管红矮星已经具有能够发光的热量，但是这些光线大部分都属于电磁波谱的红外区域。

更为极端的例子是在1988年发现的一颗褐矮星。这种气态星体的温度过低且体积太小，以至于内部无法发生核聚变反应以散发出光线。虽然褐矮星的表面温度不够高，无法发出可见光，但是在700℃的条件下，它们就能够释放出足够的热量作为红外辐射源。

我们继续关于矮星的话题（虽然这与红外光谱无关）。白矮星是由亨利·诺利斯·罗素、威廉明娜·弗莱明及爱德华·皮克林于1910年共同发现的，那时，他们只知道自己观测到了一颗闪耀着微弱白光的恒星。

"也许这颗恒星看起来光芒微弱，只是因为它距离地球比较遥远。"

不是的，科学家们已经知道白矮星与地球的距离，并且根据这一数据与地球的亮度计算出了这颗恒星应该具有的亮度（原理是亮度与距离的平方成反比）。而推算出的结果并没有多大实际意义，因为这颗白色恒星的温度极高，质量很大，其内部的核聚变产生了很大的能量。另一方面，虽然这种星体已经具备了以上特质，其发出的光芒还是十分微弱。

换言之，它们不可能是普通的白色恒星。

拉塞尔起初因不明白这些星体的性质而感到十分疑惑、苦恼，他在1939年曾经回忆起皮克林之前微笑着对他说："这些问题都将扩充我们已有的认知体系。"这句话十分正确，因为人们后来发现这些小恒星以前与太阳一般大小，而现在它的燃料已经耗尽：这些恒星会经历外层膨胀的过程，内核是一个密度很大且炙热的圆球，即白矮星。

白矮星演化的下一个阶段是黑矮星，它们是白矮星冷却后的结果，已经无法再发出可见光。白矮星的热量散失过程很漫长，它们可以长久地保持亮度。据估计，已经被发现的存在时间最长的白矮星已经有110亿~120亿年的历史。而宇宙至今存在了137亿年，还是很年轻的，科学家们预计还不存在黑矮星。

红外辐射的作用并不仅限于帮助人们探测到那些无法被可见光探测到的星体。有许多恒星虽然光芒闪耀，但是由于它们被直径可达数百光年的巨大气体云遮挡了，对于我们来说依然是无法观测的。这些星云通常并不密集，实际上一片地球尺寸大小的星云其重量只有几千克。就是这样体积与质量不成比例的气体云遮挡住了一部分恒星的光线。

可见光　　　　　　　　　　　红外线

可见光无法穿过类似这样的星云，因为其中的气体粒子会吸收光线。不过，红外线可以很顺利地穿越星云到达地球。因此，利用红外技术观测天空中黑暗的区域，往往能发现许多用肉眼观察不到的星体运动。

分子云是一种密度极大的星云，其中不同元素的原子彼此相连，距离很近，以至于它们可以结合生成结构更加复杂的分子。在这些云层的内部，由于存在密集的气团，其产生的引力又吸引了周围其他的物质。在这个区域内聚集的气体越多，内核质量就越大，引力场随之增强，也就吸引了更多新质量加入，并在中心相互压缩，这样循环往复，其热量条件最终将达到核聚变反应的水平，从而释放出巨大的能量。这种能量可以将整个气团加热至炽烈程度，一颗恒星就此开始闪耀。

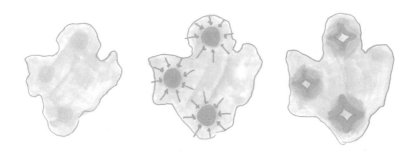

"那么，为什么可见光无法穿透的星云，红外线却可以呢？"

在本书中，我就不过多解释一些细节，简单来说，一些物质对特定波长的射线来说几乎不存在，而根据其化学成分和内部结构，对其他种类射线来说是有阻隔作用的。

比如，可见光可以直接穿过玻璃，而对紫外线来说玻璃窗是有阻隔作用的，它无法穿过玻璃。

如果我们使用紫外线摄影技术拍摄天空，那么在照片中那些温度很高的星体就会十分明显，如比较年轻的恒星或生命即将完结的星体。不过，虽然在对星体进行紫外线摄影成像时，因炙热的恒星散发出的紫外线远远多于红外线而让这些恒星看起来亮度更高，但是同时也存在一些问题。

一方面，分布在宇宙中的气体云很容易遮挡住一部分紫外辐射，相当一部分恒星散发出的紫外线被完全遮挡住了。也就是说，如果我们使用紫外辐射技术对天空进行观测，在星系画面中就会出现大面积的暗斑。此外，地球大气层也吸收了大部分紫外线。因此，为了能够研究紫外光谱中的宇宙，就需要一台在大气层之外工作的望远镜。当然了，这样的望远镜价格十分昂贵。

紫外图像可以帮助我们观测到其他星系中是否有新形成的恒星，或探测到一些散发出更多辐射的物体。这些都可以传递给人们大量关于银河系结构的信息，比如新的恒星一般产生于螺旋状的星系中，因为那里会聚集更多相互作用的气体云。

但并非发出紫外辐射的都是宇宙中的星体，还有许多更加剧烈的能量会发出波长比紫外线更短的电磁辐射。

在上述现象发生的过程中，那些被加热的气体温度可达到百万摄氏度，所发出的辐射以X射线的形式散播。这时，地球的大气层再次作为一个障碍，吸收了X射线，使其无法到达地面照射到人类，所以我们根本无法对地球可怜的大气层生气。

出于这个原因，美国海军研究实验室在1949年使用耦合火箭探测器V-2首次在宇宙空间内观测到了大气层中的X射线，但火箭最终没有进入轨道，只在跨越大气层后的一段时间内做了一系列的测量。实际上，这项任务的目的是探究为何电离层（位于大气层上部）会反射无线电波，当时无线电波技术正全面运用于通讯领域。该项目发现了太阳散发出的X射线到达地球大气的电离层时会与之发生反应并被吸收。

不过您大可放心，太阳发出的射线并不会持续照射在人的身上，除了会被大气层吸收以外，其辐射中只有一小部分是X射线。

在太阳系以外发现的第一个X射线源是天蝎座X-1，因为是在天蝎座区域内首次被发现，故由此得名。这种射线于1962年被首次观测到，物理学家约瑟夫·什克洛夫斯基于1967年认定这个射线源为一颗中子星，即一颗垂死恒星的密度极大的残余物质。这一发现一举两得，还证明了1934年科学家沃尔特·巴德关于"存在中子星"的预言。

"等等，您是说某种恒星的存在也可以被预言么？"

我看似又要兜圈子了。

7. 关于天体物理的讲解

在20世纪初，人们已经对物质的运动方式有了十分清晰的了解：在物质中检测出正、负、中性电荷的粒子后，我们由此知道原子模型由上述不同种类的电荷构成：质子、电子和中子。

由于我们还无法对原子进行直接观测，所以上面的模型也不一定是完全反映事实的，最有可能的是原子并非完美的个体。不过，不论它真实与否，都已经成为原子的忠实代表，并帮助人们十分有效地预测了一些化合物之间的反应行为、所生成的新物质、会散发出何种类型的辐射，以及预测那些尚未被发现的元素可能包含的属性。

下面我快速地解释一下原子模型，以便大家跟上后续的讲解。

质子带正电荷，电子带负电荷。质子位于原子核中，由于其相同的电荷属性，因此相互排斥。没有电荷的中子也存在于原子核中，他们的作用是在一定程度上防止质子分离，使它们不至于因加速过度而无法稳定存在于原子核内。另一方面，电子在外部绕原子核旋转。

当一个原子内的质子与电子数量相同时，则处于电平衡状态。换言之，

原子内的正负电荷数相同就可以达到平衡状态，届时整个原子的电荷呈现中性。

您有没有思考过，众多化学元素之间的本质区别到底在哪里？黄金与铁为何不同？氧气因何为氧气？其根本原因在于各个元素原子核内所含质子的不同。

氢是最简单的化学元素，其原子核内只有一个质子，外部有一个电子围绕其旋转。再举一些例子，铁元素原子核内有26个质子，汞元素中有80个，金元素的原子核中有79个质子，仅仅与汞相差一个质子。

嗯，实际上它们之间的区别不仅限于此。在原子核中每增加一个质子，为了使整个原子的正负电荷达到平衡状态，都会增加相应数量的电子，应该还会增加部分中子。不过这些实例可以让我们更加清楚地了解到具有不同特性的材料实际上也是由同样的三种亚原子粒子构成：质子、中子和电子。

接下来，我们开始下一个知识点的讲解。

您还记得么，直到不久前人们还痴迷于炼金术，因为相信运用这种方法可以将任意材料变为黄金。嗯，有些诡异的是今天这一想法已经变为现实……

不过我们使用的工具是粒子对撞机而非"贤者之石"①。这种技术的原理是将相对较轻的原子与较重的原子相撞，希望它们的原子核可以就此

①　贤者之石，传说中可以使非贵重金属变为黄金的物质。——译者注

结合，从而实现新原子内的质子数增加，形成新的元素。

事实上，这是一个合成新化学元素的过程。有趣的是，原子核对撞而引起质子数增加的原理与恒星之间保持平稳运行状态的原理相同。

下面就介绍一些历史背景。

1920年，基于弗朗西斯·威廉·阿斯顿对某些原子核质量较轻元素质量的测定及爱因斯坦$E=mc^2$的方程式，亚瑟·爱丁顿提出假设，认为恒星之所以会发出光芒是因为其运行过程中自身所含的氢元素之间发生了粒子对撞，从而形成了氦元素。这个过程会释放出巨大的能量，其中产生的热能使得星体开始发光。后来，事实证明他是正确的。

在太阳内核中，具有单个质子和中子的氢原子两两之间相互作用产生氦元素，在其原子核中包含两个质子和两个中子。

"不过，若是太阳的中心在持续地发生热核爆炸……难道不会因爆炸而飞散开吗？为什么还能一直保持球体状态呢？"

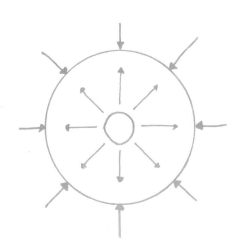

幸运的是，这些恒星外部的壳足以承受其内部核爆所产生的能量。

然而在那时，爱丁顿还不知道他的理论是正确的。这个关于星体中心在发生着核聚变的假设引出了另一个问题：每一颗恒星中的氢元素都是有限的，所以在核聚变的后期，星体内部就会出现大量的氦气。这个时候核聚变反应又会产生什么情况呢？

　　核物理学家汉斯·贝特在1939年发表的一篇文章中回答了这个问题，在文中他详细解释了在那些与太阳大小相似的恒星中，氢元素反应形成氦元素的过程，并指出这是热量的主要来源。在这篇著作中，他还提到了一种二次反应链，在此过程中氦原子核能够联结在一起形成质量更大的元素，这一链条被称为碳-氮-氧循环。

　　在那些类似太阳大小的恒星中，初期的热量与压力并不足以使上述情况发生。在星体寿命即将终结时，氢气被消耗殆尽，星体内部因此失去了许多稀疏的空间。这时，恒星的重力就会压缩内部空间，压力随之增加。

　　这也就使得剩余的氢气星体核心周围开始反应并产生巨大的热能，迅速让恒星温度升高，开始膨胀。

　　在这一阶段，星体可以膨胀至其原来大小的150倍，而内部核聚变产生的热能将平均分布于面积更加宽广的表面上，也就意味着其表面温度会降低。由此，这些恒星就成为红巨星，因为温度较低，它们看起来发出了红色的光芒。

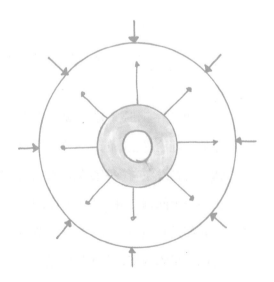

　　对于类似太阳大小的中等恒星来说，故事就走向终结了：当星体核心处残余的氢气也被耗尽，温度上升至千万摄氏度，足以使氦气发生反应。而整个恒星中全部的氦气几乎同时开始进行聚变，一瞬间产生巨大的白光。恒星外层物质在周围空间中四散开来，众多能量在衰减，其中的物质在高温中闪耀着白光……这就是白矮星。

不过，对于那些比太阳大得多的恒星来说，这个过程还不止于此。由于它们质量更大，其内部氦元素可以合成碳元素，甚至还能将碳元素合成其他质量更大的元素。要知道，原子核越大，发生反应需要消耗的能量就越多。

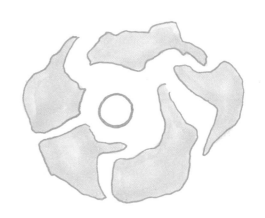

我应该解释一下，聚变反应的双方并不仅限于那些具有相同质子数的元素。在一系列反应的过程中，一些氦原子会与氢原子结合形成锂原子，其原子核中就含有三个质子。

关键在于，那些质量巨大的恒星在核聚变中消耗完氢元素的储备后，就会开始合成氦元素，即使氦元素也全部反应完了，它们也会继续形成原子核内质子数越来越多的元素：氖、碳、氧、硫、硅、铬……越到后面，元素质量越重，需要的能量就越多。

如果一颗恒星足够大，这种核聚变反应将一直维持下去，直到镍元素出现，这种金属在聚变时需要吸收的能量大于其裂变过程中产生的能量。当有足够多的镍元素积聚在星体内部时，核聚变反应就会停止。当然了，一旦内部的反应结束，也就不存在什么能量来抵消恒星本身的引力作用了。

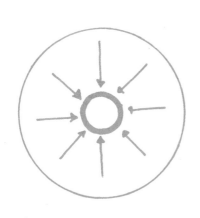

恒星通过这种巨大的、不受损耗的引力持续进行加速，一切物质都冲向中心并

且似野兽般地向内压缩。最终，压力过于强烈以至于在整颗恒星范围内触发核聚变，足以使得比镍元素更重的物质产生核聚变。上述反应释放出的能量会让星体在不受控的条件下发生爆炸，并以极快的速度将所有物质释放到太空中，其闪耀的光芒可以掩盖星体所在星系内其他物体的光亮。

现在，我们称之为超新星。

历史上，人们曾经多次观察到这种星爆现象。值得一提的是发生在1054年的那一次，这颗爆发的超新星在夜空中比除了月球之外的任何星体都要明亮，全世界每一种文化的资料中都有对它的记载，人们甚至在此后的23个白昼中还能对其进行观察。这颗超新星最终逐渐失去亮度，两年后才消失在夜空中。

8. 超新星的爆发

上述事实证明了那些关于恒星发光与内部发生核聚变反应的相关理论是正确的，不过，在一次如此剧烈的爆炸过后，星体的内核又会留下什么呢？

正如我们前面提到的那样，质量与太阳相似的恒星最终会成为一颗白矮星。而那些质量比太阳大得多的恒星在爆炸过后就是另一番景象了。

对一个质量是太阳10倍的恒星来说，爆炸过后恒星的生命就结束了，而由于巨大的压缩力，物质中的电子被推到了原子核中，与质子结合在一起，成为中子。

然而，观察到的现象十分奇怪，大部分原子的空间内部都是空的。

上述我们曾经讨论过的元素，其原子的直径比其原子核大2.3万~14.5万倍。也就是说，在体量上原子内部有99.9999999999999％的部分是空的，这部分体积位于电子与原子核之间。

因此，在超新星爆炸过程中，产生的冲击波对构成恒星的物质有压缩，其原子中的质子与中子将发生聚变反应，最终只剩下中子。这时，质子与电子之间的空间已经不复存在，中子相互堆叠在一起，因为没有相互排斥的电荷。

最终的结果就是：恒星内核，相当于太阳1~3倍的质量，都被压缩在十几千米的范围内。这种星体被称为中子星。在某种程度上，它也被认为是一个巨大无比的原子核。

当然，上述假设有大量物理学理论作为支撑。沃尔特·巴德和弗里茨·兹维基曾经在1934年提出过中子星存在的假设，并推测其星体温度在1×10^6℃左右。因此，若是这样的恒星真实存在，将会发出大量的X射线，并且几乎没有光线是以恒定比例传播的。

而这种情况已经被观测到。因此，虽然没有人亲自踏足中子星，或采集过它的样本，但是当观察到那些假设中提到的具有该恒星特征的X射线源时，就能够确认其真实性了。

不过，天蝎座X-1射线的情况略有不同。这颗中子星与另一颗普通恒星一起围绕着同一质心旋转，并且会吸收组成该质心的气体。

而在中子星周围的气体会被加热到超高的温度并释放出X射线，同时发出一些可见光。在这种情况下，星体发出的X射线会比可见光多出1万倍，这部分能量是太阳发出的全部光波所携带能量的10万倍。另外，这些中子星每秒钟会旋转上千次甚至上百万次。

9. 令人生畏的黑洞

同样是借助X射线的帮助，继中子星之后，人们又发现了宇宙之中真正可怕的一个怪物：黑洞。

1916年，卡尔·史瓦西通过计算得出如下结论：任意质量的物体在其体积被压缩到足够小时，为逃离该物质自身重力所产生的逃逸速度将大于光速。这部分物质被称为黑洞。

"任意质量是什么意思？您是指一颗行星或恒星，还是说如果将我压缩到足够小，我也会成为一个黑洞呢？"

没错，但是您会成为一个仅为原子十亿分之一的黑洞，瞬间就蒸发了。即使是整个地球的质量，其形成的黑洞也不过20厘米左右。

"我原以为黑洞都是无比巨大的物质呢！若非如此，光怎么会无法逃逸呢？"

这正是我要讲解的部分：若要创造一个很强大的引力场，并非意味着其体积要十分巨大，而是只要形成一种粒子排列十分密集、紧凑的物体就行。下面我具体解释一下。

在好莱坞的影视作品中，黑洞一直代表着怪物的形象，就像宇宙中的真空吸尘器。不论您距离它有多远，一旦黑洞发现了您的存在，就会将您拖进去并销毁。

实际上，黑洞在引力场中的质量与所有其他物体是一样的。比如，如果我们将太阳换成相同质量的黑洞，其他行星的运行轨道根本不会有所改变。事实上，届时地球生物灭绝的原因是缺少阳光。

我们前文已经提到过，物体之间的引力强度与其之间距离的平方成反比。也就是说，如果您将两个物体之间的距离减少一半，会注意到引力是之前的四倍。

另一方面，与其他天体比起来，人体的质量几乎可以忽略不计。而我们所环绕的某种物体，其重力场的引力是由其中心部位发出，越接近这一中心点，受到的重力引力就越大，不过最后还是会受到物体表面的限制而无法继续靠近。也就是说，物体越小，我们就能够更接近质心。换言之，由于引力强度与距离的平方成反比，我们会注意到引力随距离的改变是非常迅速的。

虽然黑洞具有巨大的质量，但它们体积很小，因此并不存在一个表面阻止其他物体对引力最大点的靠近。正因如此，在接近黑洞的过程中，引力会成指数增加。比如，我们在向太阳靠近时，太阳表面并不允许我们靠得太近（当然也没人想这么做），然而如果将太阳质量压缩至一个微小的点，我们就可以更大限度上接近质量集中的区域。

下图描绘了在接近相同质量的恒星与黑洞的情况下，所受引力的变化趋势。

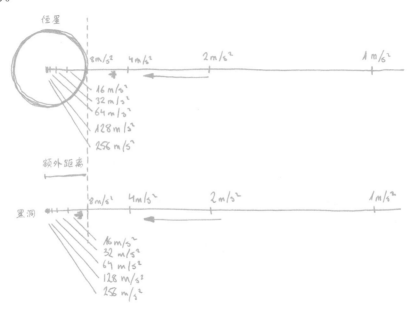

黑洞虽然让人望而生畏，但是各位未来的太空旅行家们，只要不太接近它们，就不会惹上麻烦。

虽然人们通过X射线发现了黑洞的存在，但是这些射线并不来自黑洞本身，因为没有任何东西可以从这种引力之下逃逸，甚至自身也不会发出辐射。人们探测到，黑洞在环绕一颗中子星旋转时会逐渐吞噬它。与中子星的情况类似，黑洞一点点地吸收着旁边小伙伴的气体，在等离子落入这个如野兽之口一般的地方时，就会在高温条件下被极速加热。

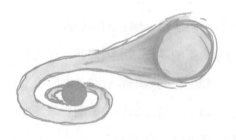

就如同X射线帮助我们寻找到了中子星一类的活跃天体现象一样，伽马射线在其更为猛烈的传播过程中，为宇宙中最为凶猛的物质捅开了一扇窗户。

"等一下，宇宙中最让人害怕的不是黑洞吗？"

不，还有更加可怖的物质：超大质量黑洞。

"什么意思？不是所有黑洞的质量都很大吗？"

话虽如此，还是存在两种类型的黑洞。当一颗恒星爆炸并留下一个物质极度紧凑的星体时，就形成了一个质量大约为太阳30倍的轻型黑洞。

然而，几乎在所有的星系中心都存在黑洞（根据人们已知的信息，目前为止例外的只有一两个星系），其质量相当于数十亿个太阳。现在，我们还不知道这些怪物是从何而来的，又是如何形成的。但最合乎逻辑的假设是，他们最初是与那些其他黑洞与恒星所属的星系一同产生的。

星系之间的碰撞也在此过程中发挥了至关重要的作用，特别是在宇宙早期阶段，那时一切物质都相互靠近（下一章，我们会详细谈论这个问题，到时候您就都能理解了）。

我们现在已经看到了，X射线与伽马射线帮助人们发现了一些宇宙中最为奇怪的物体，但是让它们在宇宙中遨游时，如果碰到根本无法被穿透的物质，也存在局限性。然而，无线电波与之不同，任何材料对它来说都几乎形同虚设，它可以轻松穿过混凝土墙壁。

尔后，射电天文学将给人们带来更大的惊喜。

第十五章

宇宙之源：大爆炸

在哈勃望远镜或多或少地扩大了人类认知范围以前，宇宙的大小是完全未知的。但最初人们就对一个问题十分感兴趣：一切物质从何而来？

我们周围一切事物的由来，以及它们存在的时间比宇宙本身的大小问题更让人不安但也让人着迷。

关于世界起源，最古老的解释可以追溯到公元前2780~公元前2250年的古埃及帝国初期，而且每个区域的故事都不相同。然而其中一个共同的要素是：地球（或者说，无边的大地）来自混乱而无生命的水域。神话中还提到了包含金字塔的山峰，也是第一个从水中出现的山峰，而位于金字塔塔尖的石头被称为"奔奔石"。

当然了，这些神话故事并非现实，很可能是人们看到尼罗河洪水泛滥，在其回归正常水道，土地显现时，受到启发而编造的。

对古希腊人来说，宇宙是一个被无限水流包围着的空间，女神欧律诺墨就生活在其中。她在水面上跳舞之时就创造了地球并赋予它万物生灵。

不过，目前最为人所接受的理论可没有这么多人文色彩，而且方式也更加暴力。

实际上，解开宇宙起源之奥秘的必要科学手段直到20世纪才出现，因此之前的天文学家们很难接近正确答案。

不过，那时的科学家们已经向正确的道路迈进了不少：人们已经可以通过分析某个恒星电磁波谱中红、紫区域的走向计算出星体靠近或远离地球的速度，而且随着望远镜技术的发展，逐渐可以捕捉更远处恒星的光谱。

而且，哈勃通过观测发现，这些遥远的星云与太阳系十分相似，而我们需要探知的是：星系是否也在围绕一个更大的质心旋转，我们缺少的正是对上述现象的观察。在被迫承认地球并非太阳系中心的事实以后，人们不得不接受太阳系在宇宙中也并非唯一，还存在着数十亿个类似的星系，而每一个星系中都有数十亿颗恒星与行星。

1912年，距人们了解到从夜空中观测到的星云实际上是其他星系已过去了十多年。这一年，美国天文学家维斯托·斯里弗（20世纪初，天文学家的名字都很怪异[①]）测量这些星系光谱中的红色光线，以记录其移动速度。他发现"仙女星系移动速度超常，为-300千米/秒"，数字前的负号代表它正在接近地球。

"真的吗？！"

是的，不过您不要担心。虽然仙女星系与银河系运行在会相互发生碰撞的轨道上，但两者之间仍然间隔250万光年。也就是说，虽然其移动速度为300千米/秒，还是需要30亿年才会相遇。未来两个星系交互的时候，考虑到其中有大量空间，太阳系肯定不会发生什么事。

关键问题是，维斯托一共对15个星系的光谱进行了分析，发现其中有12个正在远离地球。当然了，我们无从知晓这些星系的大小，它们是位于银河系内部还是外部。所以，一直到1929年哈勃重新对其进行研究以前，这些问题都悬而未决。在改变您看待宇宙的方式以前，可能我的讲解有点快了。

哈勃在其他星系中观测到了一些变星，并观察其发光周期以计算这些星体与地球之间的距离和运行速度。这些数据对维斯托与米尔顿·拉塞尔·赫马森之前研究的星系数据做出了补充。

---

① 维斯托（Vesto），英文中有"服装"之意，因此略显奇怪。——译者注

神秘的历史资料

米尔顿这个家伙是个奇人，自14岁起就没在学校中继续学习，而是直接去美国威尔逊山天文台看大门。不过，由于他对天文学有浓厚的兴趣，以及帮助天文学家们在观测期间获得数据，所以天文台给了他一个只有获得博士学位的人才有资格任职的工作。后来，米尔顿观察到了星系光线的光谱，哈勃正是借助这些研究成果才促成了天文学历史上最重要的发现之一。

在对总共46个星系的数据进行分析后，哈勃意识到他们的运动有一种模式：距离我们越远的星系，其远离地球的移动速度就越快。根据他的计算，每隔100万光年，这些星系的移动速度就会增加160千米/秒。

"等等，您刚才不是说也存在正在接近地球的星系么？"

是的，这里还有一部分知识要讲解一下。

银河系是本星系群（Local Group）的组成部分，要知道这可不是什么本土的乐队名（请包涵我的冷笑话），构成该星群的有54个星系，其整体重心位于银河系与仙女星系之间，它们也是整个系统中最大的两个星系。哈勃在1936年就对这个群体有所认识。当然，由于相互之间距离较为接近，它们都在引力作用下朝着质心方向移动。

进一步来说，本星系群又位于室女座星团之中，该星团由1300个因引力作用聚集在一起的星系构成，其中某些星系正以1600千米/秒的速度相互接近。

地球由于引力的原因被锚定在星团之中，而那些距离我们很遥远且运动速度越来越快的星系并不在其中。

然而，还有一个问题困扰着天文学家们：一旦太空中的某个物体具有了一定速度，它就会匀速前进，除非有外力作用于它。可是，那些遥远的星系是如何获得加速度的呢？

有趣的是，早在十年前的1922年，俄罗斯的数学家、气象学家亚历山大·弗里德曼就曾经对这一现象进行过计算。他们发现爱因斯坦的理论对宇宙以一定比例扩张进行了预测，并且可以通过相对论方程式计算其比例。

比利时的天文学家乔治·勒梅特于1927年得出相同的结论，但是他发现一个细微的反常之处再次违背了原有逻辑：星系之间彼此远离，是因为宇宙空间的扩大。

也就是说，运行中的星系出现红移并非由于与恒星一般的多普勒效应。宇宙空间的扩张理论可以完美地解释这些观测到的现象，因为当两点之间的空间变大，从中经过的光的波长也会增加，因此在光谱中更加偏向红色调。

这也就解释了为什么距离地球越远的星体，我们观测到的其光谱中的红移越大。在距离星团更远处似乎空间扩张的速度更快，使这些物体越来越遥远，而位于此区域内的光线，相对于距离质心更近的星系产生的光线，其波长也被拉伸得更长了。

这些现象都符合上述的理论逻辑：宇宙在不停地膨胀，每一瞬间都比之前更大，也就意味着宇宙的体积在过去是较小的。

这意味着，如果我们不停地往前追溯，最初的宇宙就是一个点。也就是说，一定是在某个瞬间突然发生了某些事情使这个点爆发成为一个宇宙。

这也就是宇宙大爆炸理论的由来。

1. 关于大爆炸理论的错误概念

不知道为什么，一般大众对于"大爆炸"概念的理解是，在宇宙之初，所有的物质都被压缩在同一个地方，爆炸使它们在空间内"飞散"。而后这些碎片进行聚合，分别成为星系、恒星、行星，以及人类等。

然而，事实并非如此。正如我们在前文提到的那样，爱因斯坦曾经预言质量与能量密不可分的关系，也可以用其著名的方程式$E=mc^2$来表示。就像核技术，小质量的物质也可以转化出很大的能量。由此，如果在某一点累积了足够的能量，就有可能产生质量……这基本上就是宇宙大爆炸的情况，即巨大能量的突然释放。

真空中有大量能量积聚在一起时，会形成一对对粒子与反粒子，它们与我们熟知的那些粒子（质子、中子、电子）相同，不过具有反电荷。反质子是质子的克星，带有负电荷和正电子，也就相当于带有正电荷的电子。这种具有反电荷的材料被称为反物质，之前大家可能在科幻电影中听说过这个词。

由于粒子中具有等量且相反的电荷，两者中和恰好使电荷数保持为零，也不违反任何物理学原理。您瞧，宇宙的管理法则是多么神奇啊。

然而，在正常条件下，当一对粒子和反粒子从无到有、自发出现时，两者会因为自身携带的相反电荷而相互吸引，在碰撞时发生湮灭，从而释放很多能量。嗯，我想"很多"这个形容词不足以准确描述这个现象。物质与反物质之间的湮灭过程是已知的物质反应中释放能量最多的：100%的物质都被转化为能量，并以光、伽马射线与热能的形式释放。

相比之下，原子弹爆炸时的核裂变反应转化的能量仅为1%，这样大家就能感受到上述过程的威力。

其实，反物质的概念在19世纪80年代就已经出现了，尽管当时只是基于人们的想象，而非科研中的基础观察方法。人们把反物质的成因归结于负重力，而非反电荷。1898年，亚瑟·舒斯特在《自然》杂志上发表了一篇很有意思的文章，阐释了他对反物质天马行空的想象，从标题"潜在物质，空闲时的遐想"就能看出文章缺乏严肃性。

亚瑟在文章中谈论了整个太阳系都由一系列反物质构成的可能性，而这种反物质又与常规物质的引力场相排斥，如地球的引力场。用他自己的话来说就是：

构成反物质世界的元素与化合物与我们所处的物质世界具有部分相同的特性，表面上难以做出区分。除非将它们带到地球附近，如带有负电荷的黄金与我们熟知的黄金具有相同的沸点，以及光谱图。唯一不同之处在于，反物质在地表会以9.81米/秒^{2}的加速度进入太空。

他继续假设，当反物质与物质相接触时，化学吸引力是可以克服重力将两部分相结合的。在此基础上，他认为若是在靠近太阳系的区域内建造一个由一半物质、一半反物质组成的物体，而反物质则与太阳相排斥，就会使得物体中反物质的部分趋向于远离太阳，从而形成一个突出物。这个现象您听起来是否很熟悉呢？舒斯特试图用上述假设来解释彗星。幸运的是，人们在执行太空任务过程中，已有探测器登陆彗星并对其构成做出研究，这才否定了他的想法（即使长期以来人们一直怀疑其正确性）。

事实是，反引力物质只是一个美丽的猜想，它与后来发现的反物质没有任何关系。反物质与普通物质的不同之处在于，它具有相反电荷，而非具有反引力特性。

我们而今所知的反物质理论于1928年由物理学家保罗·狄拉克基于爱因斯坦的相对论首次提出。卡尔·戴维·安德森在1932年检测到了第一个反物质粒子。

现在我们回归之前的话题。

要强调的是，宇宙大爆炸理论背后的数学运算并不支持一切物质在宇宙之初聚集在一起的说法。事实上，人们预测在那时甚至还不存在时间或空间，并且物质的扩张是一次性发生的。

"这是什么意思？"

嗯，这个解释起来会有点复杂。

我们并不了解扩张以前的宇宙。我用的动词是"扩张"，并没有谈及大爆炸，因为爆炸意味着在其他地方存在一种干预物质，而在宇宙诞生之初还没有这种物质。

由于在大爆炸期间才出现时间这一维度，所以在宇宙开始膨胀的那一刻，应该为时间与空间的零时刻，而探究零时刻之前发生的事件则毫无意义。我知道，这些很难理解……而且您也不是第一个对上述概念持怀疑态度的人。

如果您曾经在物理学研究中运用过数学方程，就能明白"零"的存在是多么令人苦恼，因为计算过程中常常充斥着数学意义上"荒谬"的结果。也就是说，物理定律在宇宙的零时刻无法发挥效用，人们只能使用一些零的近似值来进行相关推算。

现在人们使用的最接近宇宙大爆炸零时刻的时间为10^{-44}秒，即0.0000000000000000000000000000000000000000001秒，为节省数数的时间，直接告诉大家其小数点后一共包含43个零。

下面，就请大家准备好见识一些难以想象的数字吧。

在事物收缩过程中，温度会升高。哈勃设法计算出在宇宙初始时刻，其温度为10^{32}摄氏度，大小在10^{-35}米。第一次扩张过程中，宇宙的温度经过冷却，足以适合形成物质及反物质（质子、中子及其相应的反粒子）。自然界中的基本力（重力、电磁力，以及维持原子核集中在一起的两股核力量）也在这一时期形成……上述现象是完全合理的，因为如果物质都不存在，也就不会产生作用于其上的力了。

在膨胀开始的3分钟后，电子及其对应的反物质形成，正电子在释放光子（构成光和其余电磁辐射的粒子）的过程中开始相互湮灭，在碰撞过程中也会产生更多的电子及正电子。

"等一下，如果物质和反物质在形成后会相互湮灭……那么为什么不是所有粒子都被其相对应的反粒子分解掉呢？根据这个逻辑，宇宙中应该不存在任何物质了，因为每一个普通物质都会和其对应的反物质反应后被湮灭，对吗？"

您说得很有道理，这到现在都还是一个未解之谜。不过，我们已经有了一些可以帮助理解的理论。

有一种可能性是，在形成大量物质与反物质的过程中，它们彼此之间还没来得及相互湮灭，就因为空间的迅速扩张而被分开了。基于这个解释，宇宙中应该存在着反物质区域。

反物质区与普通物质区很难区分，因为它们发散辐射的方式相同。因此，在没有到达反物质区并与其进行接触观察湮灭反应情况之前，人们无从判断它是不是反物质区。不过，在物质与反物质距离十分相近的时候，它们相互作用会产生大量非电磁辐射的宇宙射线，这是由于原子核在以接近光速移动过程中所产生的爆炸性现象而产生。如，超新星或在包含十分活跃的超大质量黑洞的星系内部……有些宇宙射线甚至会对地球大气造成影响。虽然科学家们已经能够轻而易举地探测出这种射线，但仍然没有事实能够直接表明它们就是来自物质与反物质的湮灭反应区域。

现在，已经有一些科研项目旨在寻找反物质星系。

还存在一种可能性是，在物质与反物质形成的过程中，某种我们还不了解的机制会将反物质分解为其他类型的粒子。虽然还没有任何证据，但可以推测这种粒子是一种性质并非与普通物质完全相反的元素。

好的，我们继续宇宙大爆炸的讲解。

在大爆炸发生短短三分钟后，宇宙的温度下降幅度已经达到了10亿摄氏度，这意味着太空对人体来说已经足够冷了。大家是否还记得前文中提到的，质子与中子相结合后形成氢元素以外的第一种新型原子核，而这还只是一个十分松散的质子。在温度足够高时，氢原子核内发生聚变反应，生成氦元素（原子核内有两个质子），以及少量的锂元素（原子核内有三个质子）。在宇宙大爆炸发生20分钟时，核聚变逐渐停止，因为太空中的温度过低，原子内部也不再有聚合的现象。

自此以后的30万年中，宇宙中充斥着密集的等离子体（一种缺少电子的气态物质，带有电荷），以至于光线都无法传播。

在这之后，一切事物的发展都顺理成章了：氢气与氦气受自身引力影响逐渐积聚形成大片的气体云，在云层内部两种元素发生聚变反应而合成其他质量更重的新元素。而后，它们在爆发过程中以超新星的形式散布在宇宙中。这些元素也塑造了我们，让大家可以在这里静静阅读自己的起源。

"这个理论的确很好地解释了物质是如何形成的，以及我们何以处于当下的状态观察宇宙。不过，并没有相关证据来证实这些假设。我的意思是，如果一切事物都处于分离状态，就有理由相信在过去的某一时间点，它们是聚集在一起的……有没有任何迹象能够推断出宇宙在最初膨胀阶段的温度呢？嗯，可能是10^{32}摄氏度？"

这个问题问得非常好，就像许多重要理论的证明一样，那些能够支持大爆炸理论的证据都是在偶然间被发现的。

2. 射电天文学

1964年，阿诺·彭齐亚斯与罗伯特·威尔逊正在对一个非常灵敏的、直径为6米的天线进行测试，用来检测那些来自卫星的无线电信号，而这些信号在后来成为首个卫星通信系统实验的一部分。

为寻找卫星发射的无线电波，两位科学家对天空进行扫描，却发现大气中充满了电视与无线电中继器发出的干扰信号和电波。而在具体分析那些天线收集到的数据后，他们意识到背景噪声比先前预估的量要大100倍，并且均匀分布在天空各处，不分昼夜，一直都能被探测到。

那时阿诺与罗伯特做了任何优秀的调查员在这种情况下都会做的事：他们将那些盘踞在天线上的鸽巢取下来并清理了鸟粪，接着检查电气系统是否在正常运行，然后重复试验。结果发现，先前探测到的背景噪声依然存在，这也就排除了鸽子对试验的影响。

这并不是在开玩笑。科学家们探测到的波在白天和昼夜都均匀且恒定地分布在天空之中，这也就意味着它们并不是来自地球或太阳等银河系之内的辐射源。也就是说，这些辐射是来自银河系之外，但那时科学家们并不了解任何一种无处不在的无线电波可以用以解释上述现象。

与此同时，普林斯顿大学罗伯特·亨利·迪克、吉姆·皮布尔斯及大卫·威尔金森也在使用射电望远镜，对上述电波进行独立研究，其实验室所在地距离大学不过60千米。他们得出结论：如果宇宙真的发生过大爆炸，就会产生大量的高能电磁辐射。而随着时间的推移，这些电磁波本身也会因空间的扩张而变为波长更长的辐射（特别是微波），它们是可以被检测到的。

彭齐亚斯的一位朋友看到了最初的这份分析报告并告诉了他。彭齐亚斯明白，他与威尔逊偶然发现的电波符合文章中的理论思路，于是联系了普林斯顿大学。在收到大学发送给他的研究草案副本以后，彭齐亚斯更加确信之前与威尔逊一同观测到的现象完全符合预测。他甚至邀请了迪克一同前往贝尔实验室通过天线对噪声的电波进行测量。

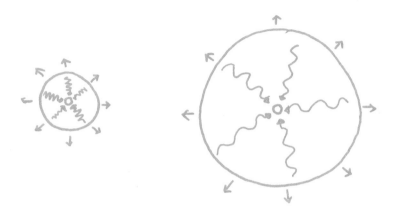

毫无疑问，他们发现的分布十分均匀的电磁辐射是在宇宙大爆炸发生30万年以后所留下的印记，对于电磁辐射来说宇宙是透明的。五位科学家就此一同提交了论文，彭齐亚斯与威尔逊因他们的发现而在1978年获得了诺贝尔奖。

"我有一个问题想不明白，宇宙大爆炸距离今天已经过去了137亿年，我们怎么会知道在爆炸发生的30万年以后发出了电磁辐射呢？"

这个问题很好，有意思的部分马上就要来了。

大爆炸的范围涉及整个宇宙，当然，那时的宇宙比现在小得多，并在一直不断地扩张。

还记得之前哈勃的发现吗？外部的星系距离地球越远，则运行速度越快，基于这个原因，将会在某一点因该星系与我们的距离过大而其速度超过光速。因此，它们发射出的光线将永远无法抵达地球，因为空间扩张的速度远超光线运行的速度。

这就是哈勃体积的概念，地球外部一定范围内的物体是以低于光速移动的（因此，自光线发出的那一刻起，它们是能够抵达地球的）。还存在一个"屏障"的概念，即上述范围的边界，其之外物体超过光速离开地球，在距离拉长的同时，也存在光线向地球行进。除此之外，对相对于我们某些移动速度高于光速的物体来说，它所发出的光线不但不会朝地球方向行进，还会朝相反方向远离地球。

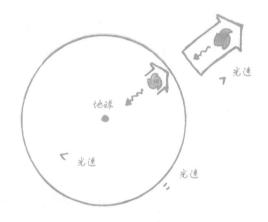

所以，乍一看您可能会认为人们永远都不可能观察到那些在哈勃体积范围以外的事物……但事实并非如此，我们的观察视野并不仅限于此。

地球与其他星系的距离正在以越来越大的速度扩张，因此随着外界的物体离我们越来越远，哈勃体积也在扩大。尽管在原范围以外的那些星体正在高于光速远离地球，但是星体向我们散发的光线的移动速度是较慢的，因为这些光线正在试图接近"哈勃边界"。

而"哈勃边界"的扩张速度也比较快，以至于边界以外的光线可以传播到地球被人们看到。

"等一下，这也就意味着当我们看到这些来自遥远星系的光线时，它的源头与地球的距离要远远超过人们的感知，对吗？"

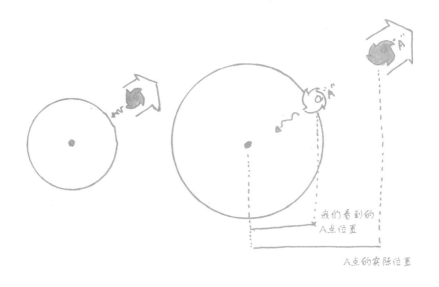

我们看到的
A点位置

A点的实际位置

完全正确!

事实上，这也是"可观测宇宙"概念的来源：按照我们周围远处恒星或星系的光线能够抵达地球的时间来计算，这个范围是一个球体，其直径以地球为中心大约是930亿光年。

然而，要知道宇宙已经存在了137亿年，那么光自大爆炸后只运行了137亿光年的时间，也就是说，虽然"可观测宇宙"的直径为930亿光年（宇宙的尺寸要比其存在时间内各个方向光线走过的路径大，因为在宇宙膨胀过程中一些区域的扩张速度大于光速），但并不意味着我们可以直接观测到相应距离范围内的物体，人们只能看到它们以前的样子。

"930亿光年可真是够大的，但就是宇宙的大小了吗？还是说在'可观测宇宙'范围之外还存在着其他事物？"

当然了。事实上，"可观测宇宙"只是人类发明出来的一个概念。我们就像是大海上航行的船只，观测范围仅限于地平线以内的海洋，但是一定会有距离我们更远的船只，他们有不同的观测视角，甚至还存在不与任何其他

观测者共享地平线的船只。

然而，正如我之前所讲的那样，这些超出观测范围的星系不会永远隐形。随着宇宙的膨胀，"可观测宇宙"的边界也在扩张。

正是由于这个原因，我们才能够发现那些在大爆炸以后散发出的辐射，宇宙对它们来说几乎是透明的。射线源头距离地球十分遥远，但辐射已经在大爆炸后的24万年间，伴随着光线一同在宇宙中穿行。随着"可观测宇宙"范围的扩大，上述光线已经不再以超光速远离地球，这些辐射有机会向我们靠近。

科学家们就是通过对射线的观测来"回顾过去"，了解宇宙大爆炸。我们所观察到的微波辐射存在于各个方向的空间之中，如第287页图所示：

在更深的层次上来看，这张图也是一张地图，告诉我们每一个点的温度。通过研究这一瞬间光照时各个区域温度的分布，就可以了解大爆炸30万年内宇宙中质量的分布情况。

实际上，整个研究过程是先提出理论假设，再进行观察的，这也成为宇宙大爆炸理论的重要证明之一。

"那就到此为止了吗？这能否表明我们已经发现了宇宙起源了呢？"

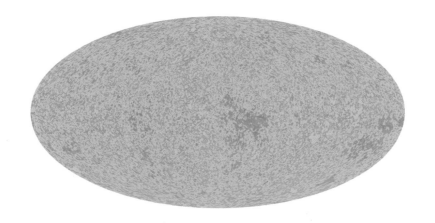

　　不是这样的。大爆炸理论是到目前为止最好的理论，它可以回答那个关于"一切如何开始"的神秘问题。虽然这个理论可以为今天大部分的天文现象做出解释，不过也已经存在某些改动，以更好地适应于某些观测到的还无法解释的现象。

　　在微波背景辐射图中，温度差别是很小的，约为0.004开尔文。要知道，为了获取这些较为精准的图像，就必须将微波背景辐射与那些来自地球周围天体及其自身的辐射摒除在外。而这种高端的、用以解决上述问题的科研工具直到近十几年才被开发出来也就不足为奇。

　　宇宙微波背景辐射图谱上如此规律的温度分布与许多天体物理学家通过观测天空所做出的预测并不相符：在宇宙空间中，许多物质都不具有这样均匀温度分布的特性，而且这样的"各向同性"①在看似无法进行信息（这里的"信息"一词特指辐射强度与热量）交换的地区也存在，尽管这些物质彼

---

① 各向同性，指物质虽然所处位置或方向不同，但拥有相同的特性。——译者注

此远离的速度超过光速。

就好比我们将一杯冷牛奶倒入热茶中，牛奶会降低茶水的温度，但这一过程并不会在瞬间完成，而是首先会在杯子中形成密度不同的"牛奶云"。经过一段时间后，液体才逐渐扩散，直至牛奶与茶水完全混合，整杯液体达到一个均衡的温度。

在牛奶被倒进杯子里并占据一定体积、开始平衡温度时，茶水并没有发生移动。但是我们想象一下，若是这时整个盛放液体的容器是在膨胀过程中，一部分"牛奶云"与茶水也随之分离，并不会对彼此产生影响，那么，在这个处于膨胀过程中的杯子里就会出现温度很高的茶水和非常冷的牛奶了。

这也就是前文中令天体物理学家们费解的地方：在宇宙大爆炸发生以后，空间迅速膨胀，物质之间用以信息交流的时间应该相对很短才对。科学家们本应在这片区域内观察到更大的冷热差别。

另一个问题就是对宇宙"平坦性"的探讨，这与空间本身的几何形状有关，但并不是指具体的、类似立方体或球体的几何形状；更确切地说，是指空间中由于各点包含质量不同而产生不同重力作用后呈现出的曲率。

如果宇宙中存在某一个足够大的质量来阻止其膨胀的过程，我们就可以称之为"封闭性宇宙"，通常这一个重心由球体来代表。在这样的情况下，宇宙的膨胀不仅会停止，还会产生逆转，届时所有的物质将相互吸引，再次凝聚在一起，从而形成最初的"奇点"。

若宇宙中没有上述假设中的某一质量足够大的球体来组织扩张，那么一切将会趋于稳定，只是以恒定的速度一直膨胀下去。这个几何形状通常会被描述为一种类似马鞍的图形（这个话题我简单讲一下，大家有一个初步的印象即可，因为只有在很少的情况下会涉及它）。

第三种情况是，宇宙中存在的质量恰好使其既不会反转扩张趋势，万物聚合，也不会永远以恒定速度持续膨胀。

在这样的情况下，宇宙的扩张会逐渐减缓，直到经过无限的时间后完全停止活动。而宇宙本身仍然存在，但保持着静止的状态。在这一过程中，恒星不再闪耀，黑洞被蒸发，唯一剩下的就是一个空旷、寂静的空间，或许还会有一些颗粒飘浮其中。

这样的场景的确令人沮丧，可是从人类已有的对宇宙质量的观察来看，似乎我们已经身处这样的进程之中。

当然了，在上述思路中存在另一个问题：如果宇宙中的质量使其逐渐走向封闭，那么随着它的膨胀这一特征将会被放大。根据天体物理学家的计算，宇宙应该在很久以前就已经处在某一种封闭状态下，并走向终结了。

而在宇宙大爆炸后出现"暴胀"的假设为上述两个问题做出了解释：宇宙暴胀现象在大爆炸后的10^{-36}秒开始，持续到大爆炸后的10^{-33}至10^{-32}秒之间。虽然时间极短，但是其间宇宙的膨胀速度远远高于现在的扩张速度。

这样突如其来的急速膨胀将使得初步形成的微小宇宙中任何细小的差异都被无限放大，并会被更大的体积分散开来。这就解释了为何在微波背景辐射图像中展现出的物质特性如此有规律。另一方面，宇宙中能量的集中度在那时与现在比可能大不相同，因此在短时间内的弯曲不会造成其自身的坍塌。而后，在膨胀速度有所下降时，根据其体量即物质能量密度，宇宙开启正常膨胀过程。

即使有了这些假设，我们还是缺少必要的信息来证明上述理论的真实性。而今的宇宙，对于电磁辐射来说近乎透明。但是科学家们无法获取在宇宙变为此种形态前的电磁辐射信息，也就无法拿到确凿证据来证实"暴胀理论"。

这也就催生了对该问题的新的观察角度。如果我们将宇宙视为一个不透明的等离子球，并且在最初产生的这种能量通过某种形式，如引力波，在太空中持续扩散至今，科学家们还是可以对其进行研究的。

　　然而，在找到宇宙暴胀现象的证据或发现那些"失踪了的"反物质之前，我们只能对宇宙大爆炸理论持怀疑态度。

尾篇

我们并未知悉一切

291

"那么，对于天文学的探讨就到此为止了吗？人类已经解开了宇宙空间中的一切谜团了吗？"

当然不是。

对于普通人来说，天文学是最容易入门的学科。不过，正如我们所看到的那样，除了运用自己的眼睛可以去观察的部分，它也是最难以研究的领域之一。

从古希腊人开始思索控制周围事物运行的自然法则开始，人类对自然界的理解已经取得了长足的进步。我们开始对客观事实进行分析，不再执着于臆想。说到底，我们沿用了古代第一批自然哲学家探索世界奥秘的方法：首先根据已经观察到的现象建立一个最为合适的模型，在其后的观测过程中逐步探究该模型是否真正贴合现实。当然了，在研究的道路上人们会提出许多错误的模型。事实上，绝大多数模型都是错误的，因为能够"统治"整个宇宙运行的真理通常只有一个。

毫无疑问的是，人们在20世纪已经找到了关于宇宙本质问题的大部分答案……然而，幸抑或不幸的是，每一个答案都会引发新的问题。

例如，我们已经发现宇宙正在膨胀，这在一定程度上帮助人们了解它的起源。然而，通过望远镜在宇宙中观测到的部分，在全部扩张物质中的占比仅为5%，那么剩余的95%的物质在哪里？

在发现这些缺失了的物质以前，科学家们只能暂时称其为暗物质，因为它们还没被观察到，并非一种新物质。

关于暗物质对于人类不可见的原因，有不同种类的解释。如它们的温度过低，或距离地球太远了，以至于我们无法对其进行观察；抑或是它们所发散出的波不是可见光，而是其他波长的光线，如棕矮星，行星、星系之间的气体或白矮星。这些看似"缺失了"的质量还可能是来自某种几乎不与其他物质相互作用的粒子，因为它们实在太微小了，如中微子。现在，每1秒钟就有大约10亿个中微子从您的手掌心穿过。尽管它们的质量可以忽略不计，但如此大量的粒子也可以在一定程度上解释存在的质量与观察到的质量之间存在的差异。

另一个例证是，科学家们发现那些体量巨大的恒星会通过爆炸形成一个黑洞来终结生命。但是，在这些物质排列极其密集、紧凑的物体中到底发生着什么？它们又是由什么组成的？这些问题至今还没有答案。

无论如何，我们正在努力解释这些现象。根据人类在数万年间对这些问题进行探索的经验，不难发现，即使是错误也能引导着大家朝正确的方向前进。

虽然我们还有太多的东西要学习，不过，还是值得对已取得的成就进行一个回顾。人类的存在与思考始于那3盏每天经过头顶、类型各异的"灯"：包括许多小的光亮、一个大的光源，以及一个白色的圆盘。

如今我们已经知道了这些"灯光"的本质。其中大部分是与我们在天空中看到的"白色圆盘"相类似的恒星，只是它们距离地球更加遥远。另一小部分星体的成分就十分不同了，可能是岩石或者气体，它们也和地球一样围绕某个特定恒星进行公转。另外，还有一些隐藏着的彗星和小行星，它们在地球附近的轨道上漫游，其运行轨迹比普通行星还要混乱。

最令人惊叹的是，我们已经将人造卫星送入地球轨道，这等同于人类自己在太空中放置了光源。在条件合适的情况下，我们可以看到这些卫星划过苍穹，并反射出太阳的光线。还有，宇宙飞船也已经抵达了其他行星，其中还有一艘飞船达到了太阳系的逃逸速度。不仅如此，科学家们还成功地控制一部分飞行器在太阳系的其他行星上着陆，以便近距离地对它们进行分析。顺便说一句，我们还将人类的一小部分智慧留在了这些星体的表面上。

当然，天文学的进步不仅帮助人类理解了地球之外的事物，也在影响着我们对自身存在的看法。

在这个过程中，人们对自身在宇宙中所处的位置及形态的认知发生了巨大的变化。我们不再认为自己生活在一个被圆顶一般的天空所包围的平坦表面之上；也不会认为天空在围绕着我们旋转。事实证明，人类头顶上的这片苍穹具有不可想象的成分比例，才能够保护整个星球在银河系，以及其他类似大小的3.5×10^{11}个星系中安然存在……对了，还有大约7万亿个矮星系。所有这些星系中总共包含有3.0×10^{19}颗恒星。3.0×10^{19}确实是一个难以理解的数字。我们可以先想象出1000颗星星，将他们的数量扩大1000倍，就有了100万颗星星。接下来，再将其乘以1000，数字就达到了10亿；重复一遍这个过程后，还要乘上30倍的数量。

这样庞大的天文数字也教会了我们面对宇宙要更加谦卑，因为就在几个世纪以前，人类还认为自己就是万物的中心，一切事物的出现都是为了服务于自身。

实际上，到目前为止，已经被人们发现的围绕其他恒星公转的行星有近2000颗，其中有30颗星体可能适宜人类居住……不过，要知道我们对其他行星的检测技术还处于初级阶段，而且上述恒星也都在银河系范围之内。那么银河系之外到底有多少颗可能适宜人们居住的行星呢？我们也只能做一个估算，就算是这样，也要以数百亿计。

不久前，人类还需要一些超自然的学说或者哲学理论来描述、阐释周遭发生的现象。但随着对太空研究的深入，我们已经发现了更多宇宙的运行法则，大大减少了对上述理论的依赖，神灵也愈发无所遁形。

那第一个走出洞穴，开始仰望天空、思索并试图去猜测苍穹之上到底在发生着什么的史前人类，又怎么能想象到他最初对头顶光源的好奇心会最终转变为一门如此复杂的科学呢？

无论如何，关于天文学还有太多的谜题等着我们去解答，不过这也是一件令人兴奋的事情。更重要的是，在这个信息高度发达的时代，每一个普通人都能够在电脑或者手机中检索到海量的天文信息，这样的知识储备已然超越了历史上那些曾经破解过宇宙奥秘的天文学家们。

参考文献

1. Paul G.Bahn y Jean Vertut, *Journey through the Ice Age*, University of California Press, p. 31.

2. "Oldest star chart found." Dr. David Whitehouse. http://news.bbc.co.uk.

3. Anthony F.Aveni, *Empires of time: calendars, clocks and cultures*, University Press of Colorado, 2002, p.67.

4. "Measuring instruments for solar time at Mount Bego, Vallée des Merveilles sector."Dr.Jérôme Magail. http://art-rupestre.chez-alice.fr.

5."What if there were no seasons?" Natalie Wolchover. www.lives cience. com.

6. "Ancient Egyptians transported pyramid stones over wet sand."Ans Hekkenberg. http://phys.org/news.

7. "River Nile, History, Present and Future Prosperity." deltas.usgs.gov.

8. R.H.Wilkinson, *The Complete Gods and Goddesses of Ancient Egypt*, Thames & Hudson, Londres, 2003, pp.167-168, 211.

9. "On the orientation of ancient egyptian temples: (5) testing the theory in Middle Egypt and Sudan." Juan Antonio Belmonte, Magdi Fekri, Yasser A. Abdel-Hadi, A. César González García. http://digital.csic.es.

10. "Pyramids seen as stairways to heaven." Tim Radford. www.theguardian.

Com.

11. "Why is Polaris the north star?" http://starchild.gsfc.nasa.gov.

12. "Alignment of the pyramid to the true north." www.math.nus.edu.sg.

13. "Pyramid precision." www.newscientist.com.

14. "Kidinnu and babylonian astronomy." Jona Lendering. http://irca mera. as.arizona.edu.

15. "Astrology: why your zodiac sign and horoscope are wrong." Pedro Braganca. www.livescience.com.

16. Otto Neugebauer, "Studies in Ancient Astronomy. VIII. The Water Clock in Babylonian Astronomy", en Isis 37(1/2), 1947, pp. 39-40.

17. "Explaining Pythagorean abstinence from beans." James Dye.www.niu. edu.

18. "History of the planetary systems from Thales to Kepler." John Louis Emil Dreyer. https://archive.org (p.42).

19. "The Pythagoreans." University of California, Department of Physics and Astronomy. https://physics.ucr.edu.

20. Burch, 1954, pp. 286-287.

21. "Greek Mathematics–Pythagoras." Luke Mastin. www.storyofma thematics.com.

22. "The universe of Aristotle and Ptolemy." UT Astrophysics. https:// csep10.phys.utk.edu.

23. "Aristarchus." www.varchive.org.

24. "Aristarchus." www.varchive.org.

25. "Eratosthenes' Geography. Fragments collected and translated, with commentary and additional material." Duane W. Roller. https://press. princeton.

edu.

26. "Nicholas Copernicus (1473-1543)." Edward Rosen, The Johns Hopkins University Press. www.geo.utexas.edu.

27. "Nicholas Copernicus (1473-1543)." Edward Rosen, The Johns Hopkins University Press. www.geo.utexas.edu.

28. "Tycho Brahe, The astronomer with a drunken moose." Marc Mancini. https://mentalfloss.com.

29. M. S. Longair, *Theoretical Concepts in Physics: an alternative view of theoretical reasoning in Physics*, Cambridge University Press, 1984,p.23.

30. "The mass and speed dependence of meteor air plasma temperatures." P. O. Jenniskens, C. Laux, M. A. Wilson y E. L. Schaller. https://leonid.arc.nasa.gov.

31. "Meteorite Myths." www.meteorites.com.au.

32. "Johannes Kepler's Polyhedra." George W. Hart. www.georgehart.Com.

33. "The Death of Tycho Brahe. Uncovering the mistery." John P. Millis,Ph. D. https://space.about.com.

34. "Tycho Brahe died from pee, not poison." Megan Gannon.www. livescience.com.

35. "Johannes Kepler." Michael Fawler. https://galileoandeinstein.physics. virginia.edu.

36. I.Asimov, *Asimov's Biographical Encyclopedia of Science and Technology*, Doubleday, Nueva York, 1964.

37. "The Telescope." The Galileo Project. https://galileo.rice.edu.

38. Edward Rosen, *The Title of Galileo's Sidereus nuncius*, The University of Chicago Press en nombre de The History of Science Society. Isis.Vol. 41, No. 3/4 (Dec., 1950), pp. 287-289.

39. "The question of nebulae: Galileo's examination of Orion and the Pleiades." Sandi Hassinger y Nicole Peterson. https://galileo.rice.edu.

40. "Real and ideal moons." http://lpod.wikispaces.com.

41. "Galleria Nazionalle de Arte Antica Palazzo Barberini." Galleriabar berini. beniculturali.it.

42. "How thick are Saturn's rings?" hubblesite.org.

43. "Huygens Probe." Dr. Paul Mahaffy. http://attic.gsfc.nasa.gov.

44. David M. Harland, *Cassini at Saturn: Huygens Results*, Springer, 2007,p.3.

45. "Galileo's Vision." David Zax, Smithsonian Mag. www.smithsonian mag. com.

46. John Heilbron, Biography of Galileo,Oxford University Press,2010,p.218.

47. "Galileo's Theory of the Tides."Rossella Gigli. https://galileo.rice.edu.

48. H. Cabrera, *Isaac Newton 62 Success Facts- Everything you need to know about Isaac Newton*, Emereo Publishing, 2014.

49. "Statement on the date 2060." Stephen D.Snobelen. https://isaac-newton.org. "Sir Isaac Newton's Daniel and the Apocalypse (1733)." https://publicdomainreview.org.

50. "A private scholar & public servant." www.lib.cam.ac.uk.

51. "Isaac Newton: Man Myth and Mathematics." V. Frederick Rickey.www.maa.org.

52. "Newton's Apple: The real story." Amanda Gefter. www.newscien tist. com.

53. Stephen Hawking (ed.), *A hombros de gigantes. Las grandes obras de la Física y la Astronomía*, Crítica, Barcelona, 2003, p. 199.

54. "Handgun Ballistics." http://waterguy.us.

55. "The Sun's Orbital Motion." Paul D. Jose. http://adsabs.harvard.edu.

56. "Of colours." www.newtonproject.sussex.ac.uk.

57. "The predicted return of comet Halley." Peter Broughton. http://adsabs.harvard.edu.

58. J.L.E. Dreyer, *The Scientific Papers of Sir William Herschel* 1. Royal Society and Royal Astronomical Society, 1912, p. 100.

59. "An account of the discovery of two satellites revolving round the Georgian Planet." William Herschel. www.jstor.org.

60. "Detection of the rotation of Uranus." V. M. Slipher http://articles.adsabs.harvard.edu.

61. "Lecture 26: How far is the sun? The Venus transits of 1761 and 1769." Prof. Richard Pogge. www.astronomy.ohio-state.edu.

62. "How do scientists know the distance between the planets?" http://spaceplace.nasa.gov.

63. "How far are the planets from the sun?" Elizabeth Howell. www.universetoday.com.

64. "A history of parallax and brief introduction to standard candles." B. J. Guillot. www.bgfax.com.

65. "History topic: The size of the Universe." J. J. O'Connor and E. F. Robertson. www-history.mcs.st-and.ac.uk.

66. "The Speed of Light." Michael Fowler. http://galileoandeinstein.phys-ics.virginia.edu.

67. "The speed of nerve impulses." Glenn Elert. http://hypertext book.com.

68. "Roemer's Hypothesis." www.mathpages.com.

69. "Kirchhoff's Spectroscope." Andrea Sella. www.rsc.org.

70. "Splendor of the spectrum." Sam B. Jayakumar. www1.umn.Edu.

71. Auguste Comte, *The Positive Philosophy*, Hacket Classics, 1842, vol. II, cap.1.

72. A. W. Steward, "Recent advances in physical and inorganic chemistry", BiblioBazaar, 2008, p. 201.

73. "A dynamical theory of the electromagnetic field." Prof. Carl Maxwell. http://upload.wikimedia.org.

74. "James Clerk Maxwell." http:// web.archive.org.

75. "The Hubble Law." www.astro.washington.edu.

76. "The Solar Apex." T. C. Ryan http://adsabs.harvard.edu.

77. "On the proper motion of the Sun and Solar System; with an account of several changes that have happened among the fixed stars." William Herschel, 1783. http://archive.org.

78. "Along the Milky Way." Kathy A. Miles y Charles F. Peters II. http:// starryskies.com.

79. T. Wright, *An original theory or new hypothesis of the Universe, foundedupon the laws of nature, and solving by mathematical principles of the general phenomena of the visible creation and particularly the Via Lactea*, Chapelle, Lo-ndres, 1750, p. 48.

80. "Review: George Johnson's Miss Leavitt's Stars." Jeremy Bernstein.www. latimes.com.

81. "Implications of recent measurements of the Milky Way rotation.for the orbit of the Large Magellanic Cloud." Genevieve Shattow, Abraham Loeb. http:// adsabs.harvard.edu.

82. "Physics Myth Month: Einstein Failed Mathematics?" Andrew

Zimmerman Jones. http://web.archive.org.

83. "How does relativity solve the Twin Paradox?" Ronald C. Lasky.www.sc-ientificamerican.com.

84. "Real-World Relativity: The GPS navigation system." www.astronomy.oh-io-state.edu.

85. "Understanding the Global Positioning System (GPS)." Diana Cooksey. www.montana.edu.

86. "Herschel Discovers Infrared Light." http://coolcosmos.ipac.cal tech. edu.

87. "El descubrimiento de los rayos X." Prof. Dr. Alberto Buzzi. www.sar.org. ar.

88. "Reconcilling the Herschel experiment." Tom Chester. http://home.znet. com.

89. E. Schatzman, *White Dwarfs*, North-Holland, Ámsterdam, 1958.

90. "12 billion year old white dwarf stars only 100 light years away."www. spacedaily.com.

91. "Space Research: the past." www.solar.nrl.navy.mil.

92. I. S. Shklovsky, "On the Nature of the Source of X-Ray Emission of SCO XR-1", en *Astrophysical Journal*, 148.

93. "The internal constitution of the stars." A. S. Eddington A.S.http://articles. adsabs.harvard.edu.

94. "X-ray emissions from isolated neutron stars." Sandro Mereghetti. http:// arxiv.org.

95. "A relation between distance and radial velocity among extra-galactic nebulae." Edwin Hubble. www.pnas.org.

96. "Potential Matter: a holiday dream." Arthur Schuster. http:// upload.

wikimedia.org.

97. "Evidence shows that cosmic rays come from exploding stars." Ginger Pinhoister. www.aaas.org.

98. "Theoretical breakthrough: generating matter and antimatter from the vacuum." Nicole Casal Moore. http://ns.umich.edu.

99. "The hunt for antihelium: finding a single antimatter nucleus could revolutionize cosmology." www.thefreelibrary.com.

100. "Density Parameter." http://hyperphysics.phy-astr.gsu.edu.